# 그대 안의 미적분학 그 잠재력을 깨워라

김 강 태

KYOWOOSA 교우사

지 · 은 · 이 · 소 · 개


김 강 태

- University of California at Los Angeles 박사 (수학)
- Brown University (미국) 수학과 조교수
- 포항공과대학교 제1대 권경환 석좌교수
- 현) 포항공과대학교 수학과 교수
- 현) Journal of Geometric Analysis 편집위원
- 현) Complex Analysis and Synergies 편집이사
- 현) 선도연구센터 기하학연구센터 센터장


**그대 안의 미적분학, 그 잠재력을 깨워라!**


초판 인쇄 / 2015년 09월 30일
초판 발행 / 2015년 10월 05일

지은이 / 김강태
펴낸이 / 오판근
펴낸곳 / 교우사

주소 / 서울특별시 동대문구 약령시로 8 교우빌딩 2층
전화 / 925-2861(代), 편집부 / 925-2825, 홈쇼핑 / 969-5762
팩스 / 925-2860

이메일 / kyowoo@kyowoo.co.kr
홈페이지 / http://www.kyowoo.co.kr
북스토어(쇼핑몰) / http://www.kyowoo.co.kr

등록번호 / 1994년 3월 24일 제6-0256호





ISBN 979-11-251-0127-7(03410)

값 8,000원

# 책 머리에

“무지개 떴다고? 비 온 후에 가끔 보게 되지. 근데 왜? 새삼스럽게 호들갑이야?”

라며--어른들은 특히--별 생각 없이 지나치기 십상인 무지개 걸린 하늘... 혹시 이렇게 ‘어른스럽게’ 살고 계신가요?

어느 시인은 무지개를 보며... 오랫동안 잊어버렸던 느낌, 가슴이 뛰는 느낌을 되찾으며, 놀라운 광경에 감동을 느끼며 자연의 위대함과 찬란한 인생과 다가올 미래를 생각하며, 호기심을 많이 잃어버린 자신을 돌아보며 노래했습니다.

The Child is father of the man...

수학의 역사를 돌아 보다가 미적분학을 만나면 그 찬란함이... 제게는 마치 무지개와도 같습니다. 그래서 미적분학 이야기를 쓰려고 합니다. 하지만 말이죠...

어느 덧 어른이 되어버려서, 뭘 보아도 크게 가슴이 뛰지 않게 된 저자인데, 무얼 보아도 가슴 뛰는 신세대를 위해 “파릇파릇한 마음으로” 미적분학을... 마치 무지개를 만난 듯 뛰는 가슴으로 감상하실 수 있게 해 드리고 싶어서, 이 책을 쓰려는 무모한 생각을 하고 컴퓨터 앞에 앉으니...

“이건 정말 자가당착이다!”

라는 생각이 들더라고요.

하지만 다행히도, 제 앞에는 각 고교에서 뽑혀 온 40명의 파릇파릇하고 또랑또랑한 아이들이 있었어요. 뛰어난 재능과 이 재능을 갈고 닦는 훈련을 거친 고교 2년생들, 이들은 자신이 지닌 수학적인 잠재력을 개발하기 위해 포스텍 잠재력 개발 과정에 참여한 인재들이었습니다. 이 아이들과 대화를 나누기 시작하자, 그들의 호기심과 기대감이 발산하는 역동적이고도 파릇파릇한 에너지가... 굳었던 제 마음을 마사지해 주었고, 드디어 미적분학을 보는 저의 가슴이 다시 또 빠르게 고동치는 것을 느끼게 되었습니다.

"현대" 기하학의 시작을 유클리드 (300 B.C.) 의 원론으로 잡는 관례를 따른다면 시작은 공리계의 수립에서 찾아야 하겠지만, 연구 흐름의 큰 변화는 아무래도 공간을 수와 직접 연관 지은 "좌표" 개념이 수립된 1600 A.D. 경에 일어났다고 보아야 할 것입니다. 공리계와 논리/논증 관점에서 이해하던 도형이라는 대상을 수의 순서쌍으로 이루어진 좌표가 표현하는 점의 집합으로 해석하고 수 값을 가지는 변수와 이들이 이루는 방정식이 도형을 이루게 되면서 논증을 "기계적인" 계산이 대신하게 되는 변화는 수학 연구에 엄청난 파급효과를 가져 왔습니다. 이로부터 무엇이든 움직이는 것은 수식으로 표현하려 하고, 순간적인 변화를 감지하고 이들 순간적인 정보가 비교적 긴 시간 동안 만들어 내는 변화를 재생하여 이해하는 과정—현대적인 이름으로는 미분과 적분이 되겠습니다--은 이제는 학문 전반에 없어서는 안 되는 위대한 방법론이 되었습니다.

그래서 저는 미적분학을 잠재력 개발과정의 수학 분야 강의 주제로 정하였고, 400년 전에 일어났던 수학 연구에서 출발하여 연구가 발전되어 온 역사를 재구성하여, 학생들이 당시의 수학 연구가 만들어졌던 과정을 살펴 봄으로써 수학 연구란 어떻게이루어졌으며, 오늘을 사는 우리가 수학을 연구한다면 어떻게 해야 할 것인지 가늠해 보도록 유도하려 하였습니다.

수학 연구 역시 타 학문 연구의 방향과 마찬가지로

(1) 무엇을 연구할 것인가?

(2) 어떻게 연구를 수행하고 성공시킬 것인가?

(3) 이 연구 수행의 파급효과 또는 가치는 무엇인가?

라는 세 가지의 질문에 대답할 수 있도록 방향을 설정하게 됩니다. 그래서 저의 강의 역시 각 부분에서 이 질문들에 대한 대답으로 등장한 작은 이론들—소위 "정리"라고 부르는—을 소개하며,

"그렇다면 이 다음에는 무엇이 연구되었어야 하는가?"

라는 질문을 던져 학생들의 토의를 유발하려 하였습니다.

이 책을 읽는 독자들께서 강의 내용을 짐작해 보실 수 있도록 이 책을 쓰려고 노력하였지만, 막상 원고를 읽어 보니 역시 책은 강의실의 역동적이었던 분위기를 전달하지 못하는 것 같

습니다. 하지만 포기하는 것보다는 무엇이라도 하는 편이 낫지 않으냐는 생각에 용감하게 이 책을 세상에 내어 놓습니다. 강의 분량은 50분씩 25번 학생들을 만나 가르치고 토의한 것이 고요, 마지막 평가는 A4용지 4페이지 정도의 길이로 한 개의 주제를 위 세 가지 질문에 맞추어 수학적으로 서술한 작은 논문을 전문 학술지에 제출된 논문을 심사하듯 엄격한 기준을 정하여 시행하였습니다.

평가는, (1) 이론 전개가 논리적이며, (2) 수학적으로 옳고 깊이가있는가? (3) 주제와 논술 내용에 대한 스스로의 가치 평가가 수학적으로 옳으며, (4) 의미가 있는가? 라는 몇 가지 질문을 평가 잣대로 삼았습니다. 학생들이 아직 어린 점을 감안하여 논문은 마지막 날 아침에 제출하고 하고, 즉시 이어지는 평가 시간 한 시간 동안에 "후기"를 작성하게 함으로써, 개인적인 성향 등의 이유 때문에 논문 작성에서 자신의 장점을 보이지 못하고 평가를 정당하게 받지 못하는 불합리한 점을 줄여 보려 노력하였습니다.

학생들에게 요구하였던 논문에 대한 보다 자세한 정보가 궁금한 독자가 계실 것 같다는 생각이 들었습니다. 이에 대한 대답으로 저와, 교육조교 업무를 담당하였던 포스텍 재학생인 임준아, 전상학 두 분이 작성하였던 샘플 논문을 모아 세 편의 예시를 마지막 8장에 싣고, 이런 유형의 글쓰기에 관한 간단한 의견을 덧붙였습니다. (샘플을 첨삭하여 실을 수 있도록 흔쾌히 허락해 준 두 분 조교께 감사의 뜻을 표합니다.) 사정상 학생들의 논문은 여기 싣지 못하지만, 샘플 논문에 필적할 만한 훌륭한 논문들이 여럿 있었음을 말씀드리고 싶습니다.

여러 학생들이 과정이 마무리된 후 전해 준 쪽지에서, 이 과정을 통해 수학 연구란 무엇인지 조금은 알게 되었다고 평가하였는데요, 독자께서도 같은 느낌을 얻게 된다면 저에게는 더할 수 없는 기쁨이겠습니다.

2015년 여름

# 차 례

# 1

# 함수, 미적분 ; 이런걸 왜 배우죠?

## 1.1 다항식

덧셈 뺄셈 곱셈 그리고 나눗셈은 인류가 오래 전부터 사용해 온 계산 방법이다. **네 가지 규칙으로 정리된 셈법**이라는 뜻으로 **사칙 연산**이라고 부르는 이 셈법을 이용하면 어떤 수 $x$를 $n$번 거듭 곱한 수 $x^n$ 즉 $x \cdot x \cdots x$와 이들의 합과 차 등을 정의할 수 있다.

조금 더 나아가면 이런 셈법에 의해 $y = f(x) = x^7 - 5x^5 + x^2 + 3x - 1$와 같은 수식을 만들 수 있다. 이 수식은 그 자체가 수는 아니지만 $x$를 특정한 수 값으로 지정하면 (이 과정을 **대입**한다고 말한다.) 숫자 값을 만들어 낸다. 이런 과정을 가만히 검토해 보면, 기호 $f(x) = x^7 - 5x^5 + x^2 + 3x - 1$는 적절하고, $x$에 $y$값이 대응되는 현상을 표현하는 방법으로 $y = x^7 - 5x^5 + x^2 + 3x - 1$를 쓰는 것도 좋아 보인다.

이 시점에, 수학에서 통용되는 용어를 먼저 소개하고 계속하기로 하자. 곱으로만 이루어진 항 $-5x^5$와 같은 것은 통상 **단항식**이라고 부르고, 단항식 몇 개의 합으로 이루어진 위와 같은 식은 **다항식**이라고 부른다.

## 1.2 함수

다항식과 같이 $x$ 대신 숫자 값을 넣으면 $y$값을 만들어 내는, 적절한 입력값이 있으면 출력값을 만들어 내는 관계를 **대응관계**라고 부른다. 이런 입·출력 관계를 $y = f(x)$라는 기호로 쓰는 것은 적절해 보인다. 예를 들어

$$f(2) = 2^7 - 5 \cdot 2^5 + 2^2 + 3 \cdot 2 - 1 = -23$$

라는 기호와 계산은 $f$라는 함수가 $x$값 2에 $y$값 $-23$을 대응시키는 것을 보여 준다.

그건 그렇다고 하더라도 이런 것은 왜 아이들에게 배우라고 해서 고통(!) 속에 빠뜨리는 것일까? 모르면 안 될까?

## 1.3 토끼들의 천국?

잠시 수학을 뒤로 하고 들판으로 나가 보자.

보드라운 풀이 너무도 푸르른 아름다운 초원이 끝간 데 없이 펼쳐져 있다. 여기 저기 희끗희끗 보이는 것은 토끼, 토끼, 오로지 토끼들 뿐이다.

이곳에는 토끼들을 위협할 만한 무슨 사나운 짐승도 보이지 않고 공기도 맑고 물도 충분하고 날씨도 좋으며 이렇다 할 병균의 위협도 없으니 토끼들에게는 그저 천국 같은 곳이 아니겠는가?

한가로운 여가를 즐기며 지나치는 나그네(!)는 이렇게 생각하기 쉽다. 과연 그럴까?

토끼들은 잘 먹고 잘 번식한다. 영어로 번식한다는 뜻을 가진 단어 중에 multiply라는 동사가 있어서, 어린 아이들에게 "곱셈을 가장 잘 하는 동물이 뭐게?" 라고 묻고 아이들이 "토끼여요!" 라고 하면 "맞았다!" 라고 칭찬하며 같이 웃는 것은 미국 가정의 흔한 풍경이다. Multiply 라는 단어는 숫자를 곱한다는 뜻으로도 쓰이기 때문이다.

영원히 사는 동물이 없으니 토끼도 시간이 지나면 죽는다. 그건 어쩔 수 없지만 다른 무슨 특별한 조건이 관찰되지 않으니,

이들 토끼 떼를 보며 인간들이 관심을 가질 만한 정보는 토끼의 숫자의 추이일 것이다.

이런 정보를 얻기 위해 조사를 시행하면서 얻어내는 첫 번째 정보는 어느 순간 측정한 토끼의 수가 단위 시간에 수가 늘어나는 비율이다. 이것은 출생률에서 사망률을 뺀 숫자이고 이를 **개체수 증가율**이라고 부른다. 물론 출생률은 전체 토끼의 수로 새로 태어난 토끼의 수를 나눈 값이고, 사망률은 전체 수로 같은 기간에 죽은 토끼의 수를 나눈 값이다.

오랫동안 조사해 본 바에 따르면 이와 같이 (토끼에게) "이상적인" 환경에서는 토끼 수의 증가율은 측정한 시점과 관계 없이 거의 일정하다고 한다. 따라서 이런 양은 변하지 않는 수, 즉 상수 (=항상 값이 일정한 수)이다. 관례를 따라 $k$로 표시하기로 하자.

기준 시점 (time point)을 0으로 두고 흐르는 시간을 변수 $x$로 표시하기로 하자. 그리고 어느 정해진 시간 $x$에서 토끼의 수를 기호 $y = f(x)$로 표현하기로 하자. 이것도 합리적이다. 어느 특정한 시간에는 토끼의 수가 정확히 한 개의 숫자로 주어질 것이기 때문이다. 수학적 용어로 표현하자면 "이 초원에 사는 토끼의 수는 시간의 함수이다." 라고 말하게 되겠다.

어느 시점 $x_1$에서 $t$ 시간이 흐른 후의 시점인 $x_2 = x_1 + t$까지 토끼의 수는 $f(x_1)$에서 $f(x_2)$로 변하게 될 것이다. 그러니 토끼의 수는 $f(x_2) - f(x_1)$만큼 늘었을 것이고, 토끼 수의 증가율이 $k$라는 말은 수식으로 표현하면

$$f(x_2) - f(x_1) = kf(x_1)(x_2 - x_1) \qquad (1.1)$$

또는 같은 식인

$$\frac{f(x_1+t)-f(x_1)}{t}=kf(x_1) \tag{1.2}$$

가 되겠다. 그럼 이런 식을 만든 수학자들에게 묻기로 하자.

"이 식이 우리에게 뭘 설명해 주나요?"

만일 이런 식으로부터 $f(x)$의 수식을 구체적으로 얻어낼 수 있다면 10년 후 토끼의 수는 이 수식에 $x$ 대신 10년에 해당하는 값을 입력하면 (즉, 대입하면) 얻어지게 되지 않겠는가? 이와 같이 미래에 관한 정보를 얻을 수 있다면, 이건 대개 상당한 가치를 지닌다. 나는 토끼에 별 관심이 없다고 하실 분도 계실 것 같다. 하지만 이런 모형은 박테리아의 증식, 즉 전염병의 확산과 소멸, 방사성 원소의 반감기... 등등 서로 큰 관계가 없을 것 같은 여러 자연/사회 현상을 이해하는 데 상당한 도움이 된다.

여기에서 중요한 역할을 하는 것은 함수다. 그러므로 함수는--골치는 좀 아플지 모르지만--이해하면 좋은, 이해할 필요가 있는 대상이다. 별 맛은 없지만 몸에 좋은 보약 같은 거다. 인내심을 가지고 공부할 만하지 않은가?

## 1.4 미적분학을 상당히 안다고 치면...

위의 식 (1.2)은 $t$ 값이 적절한 범위를 넘지 않는 작은 값이면 잘 성립한다. (즉, 조사하기 쉽고, 조사 결과도 신뢰할 만하다.) 그러므로 $t$ 값이 0으로 수렴하게 하고 극한을 취하면 식

$$f'(x) = kf(x) \tag{1.3}$$

을 얻게 된다. 이 식에서 함수 $f(x)$를 구체적인 수식의 형태로 구할 수 있을까? 알려진 계산에 의하면 (처음 해 보는 것이라면, 이걸 얻는 것이 그리 쉽지 않을 수 있다!) 답은

$$f(x) = f(0) \cdot e^{kx}$$

가 된다. 여기에서 $e = 2.718...$은 잘 알려진 **네이피어 수**이다. 그렇다면 $k > 0$인 경우, 이 함수값은 시간 $x$의 값이 커짐에 따라 매우 급격히 커지게 되는데, 결국 토끼의 수가 어느 순간이 지나면 세기도 어려울 정도로 많아지게 될 것이다. 결국은 지구를 가득 채우고, 순식간에 풀이란 풀은 다 먹어치워 버리게 될 것이고, 다음에 풀이 돋아 날 때를 기다리게 되겠지만 그런 시기가 돌아오기 전에 결국은... 모두 굶어 죽어버리게 될 것이다. (이 모형이 장기적으로도 옳다면...)

토끼들의 천국이라고? 허어!

## 1.5 질병 퇴치에도 미적분학이!

저자가 B 대학교에 조교수로 재직하던 젊은 시절이었다. 연구실 전화 벨이 울렸다.

"김 교수, 나 좀 도와 줘. 두 시간 정도 낼 수 있나?"

B 대학교 생명공학과의 `ㅊ' 교수님이셨다. 한 실험실에서 에이즈 퇴치를 위한 연구 실험을 하는 중에 수학자의 도움이 필요하다는 것이었고, 나도 기꺼이 돕고 싶었기에 시간 약속을 했고, 다음 날 약속 시간에 맞추어 생명공학 실험실에 도착했다. 결론부터 얘기하면, 이들은 미적분학의 고급 정보를 다루는 미분 방정식을 분석하고 풀어 설명해 줄 수 있기를 바라는 것이었다.

거창한 실험실에서 얻어낸 자료를 수식화하고 수학적 모형을 만드는 부분에 대한 언급은--자신이 모르는 부분에 대하여 떠드는 것은 어리석을 뿐이라는 생각에--피하려 한다. 당시의 수학 모형을 받아 본 바에 따르면 그건 미분방정식으로 생명 유지에 필요한 부분의 지수 (적혈구의 수 등등)를 나타내는 함수들과 투입되는 약물의 양을 나타내는 함수, 억눌러야 할 병원체

바이러스 등의 양을 나타내는 함수 등이 들어 있었다. 이 모형을 풀어 달라는 것이 요청이었다.

턱없이 단순화 하여 설명하자면, 이들 함수는 모두 시간의 함수이므로 그것들을 찾아낸 다음 생명 유지에 필요한 지수는 큰 변동이 없으면서 적절한 투약을 계속하며 적정 시간이 흐르는 동안 병원체의 수가 현저히 감소하는지 (0이 되면 더 좋겠지만...) 알고 싶은 것이었다.

당시 생명공학에 대한 관심이 얕고, 내 연구 분야 외에 다른 데까지 무엇인가 도움을 드릴 만한 마음의 여유가 없었기에... 어느 정도 조금 도움을 드렸다는 느낌이 드는 순간 서둘러 내 연구실로 돌아왔었다.

지금 생각해 보면... 여러 모로 아쉬운 추억이다. 하지만 수학이 기여할 수 있는 곳이 이와 같이 다양하고 많다는 점을 새삼스럽게 배웠기에 지금 이런 글을 쓸 수 있는 것이 아니겠는가?

# 2

# 다항함수와 그래프, 미적분학의 태동

미적분학이 쓸모 있고 힘써 익힐 만한 가치가 있다는 예를 드는 것은 무궁무진한 것 같다. 하지만, 우리의 목표는 선전에 있지도 않고 응용에 있지도 않다. 오히려,

"순수 이론 수학인 미적분학을 어떻게 연구했나?"

라는 질문을 역사적으로 추적하고, 이해함으로써, 오늘날 수학에 관심이 많은 이들이 하는 질문,

"수학 연구라니... 무엇을 어떻게 연구하는 것인가요?"

에 대한 답을 찾으려는 것이 우리의 목표이다.

## 2.1 다항함수와 그래프; 발제

위에 예로 들었던 다항함수, 즉 다항식으로 주어진 함수를 하나 생각하려고 한다.

$$f(x) = x^7 - x^6 + 5x^2 + x - 4 \tag{2.1}$$

함수가 대응관계임을 생각해 보면, 실수 순서쌍 집합

$$G_f := \{(x, f(x)) \mid x\text{는 실수}\} \tag{2.2}$$

가 등장하게 된다. 이것은 $xy$-좌표평면의 부분집합이며 그림 (!) 으로 묘사할 수 있는 대상이면서, 함수의 대응관계를 한 눈에 보여줄 수 있다는 장점이 있다. 그렇기 때문에, **그래프** (graph) 라고 부르는 이 집합을 잘 묘사하는 것이 함수를 사용하는 수학 연구에서는 아주 쓸모 있고, 따라서 "연구의 대상" 으로서 그 위치가 확고하다.

그렇다면 질문이 생긴다. 이 그래프를 (잘) 그리려면 어떻게 해야 할까?

지금은 별 방법이 없으니 그래프 $G_f$ 의 원소를 좀 찾아보려는 시도를 할 만하다. $f(0) = -4, f(1) = 2, f(2) = 78, \cdots$ 등등... 계산에 의해 세 점 $(0, -4), (1, 2), (2, 78)$ 을 찾았는데, 이것만으로 $G_f$ 를 그리려면 정보가 너무 부족하다. 무슨 정보를 어디서 어떻게 얻어야 할까?

**문제 2.1.1** 이 정도의 지식만 가지고 즉, 점을 여러 개 찍을 수 있게 되었을 때, 그래프를 그리는 방법론을 만들어 보고, 이 방법론의 장·단점을 따져 보아라.

## 2.2 접선

매끄러운[1] 곡선으로 주어지는 그래프는 작은 부분으로 구분하여 이해하려 한다면 각 부분은 특정한 직선의 일부 (선분!) 와 매우 비슷할 것으로 예상할 만하다.

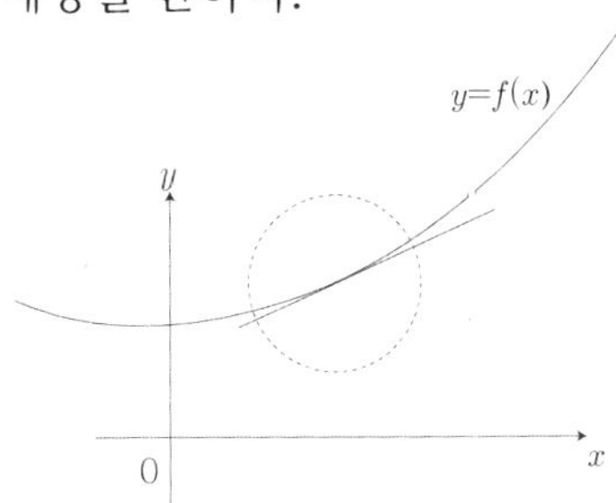


일단 이 예상이 옳다고 치고(!) 선분을 어떻게 찾을 것인지 생각해 보자. 그래프 위의 점 $(a, b)$는 반드시 조건 $b = f(a)$를 만족한다는 사실과 함께, 이 직선은 적절한 기울기 $m$을 가지는 경우 방정식

$$y = m(x - a) + f(a) \tag{2.3}$$

로 표현된다. 하지만 기울기 $m$의 값은 아직 정해지지 않았다.

직관적으로는 이 직선이 주어진 함수 $y = f(x)$의 그래프에 살 붙어 있어야 할 것인데, 제시할 만한 조건을 잘 생각해 보면 방정식

$$f(x) - [m(x - a) + f(a)] = 0 \tag{2.4}$$

의 근인 $x = a$가 중근일 조건이 합리적이라는 생각이 들 것이다. 이런 생각이 모두 옳다고 치고(!) $m$ 값을 계산할 수 있는지,

[1]아직은 매끄럽다는 개념은 통상적인 의미로 이해해야 한다. "미분가능성" 개념에 대한 토의는 나중에...

계산할 수 있다면 어떻게 그 답을 찾을 수 있는지 생각해 보기로 하자.

**문제 2.2.1** 위에 여러 번 "이런 생각이 옳다고 치고" 라는 표현이 등장했다. 그 생각은 옳은가? 특히, 옳지 않다면, 어떻게 이론을 전개해야 할 것인지에 대해서 토의해 보자.

이런 생각이 모두 성공적일 경우 얻어지는 $m$ 값이 제공하는 방정식 $y = m(x-a) + f(a)$가 표현하는 직선을 "그래프에 가장 잘 붙어 있는 직선"이라는 뜻의 한자어 용어를 써서 **접선** (tangent line)이라 부른다.

이를 수학적인 언어로 다시 써 보자. 곰곰이 생각해 보면

(†) **등식**

$$f(x) - [m(x-a) + f(a)] = q(x) \cdot (x-a)^2$$

**를 만족하는 함수 (다항함수) $q(x)$가 존재하도록 하는 $m$을 구하되, 이 값이 정확히 하나 존재하면, 방정식 $y = m(x-a) + f(a)$가 표현하는 직선을 "함수 $y = f(x)$의 점 $(a, f(a))$에 대응하는 접선 (tangent line)"이라고 정의한다.**

라고 하면 적절할 것이다. (이 의견에 공감하는가?)

## 2.3 접선의 기울기 계산

앞에 제시했던 함수

$$f(x) = x^7 - x^6 + 5x^2 + x - 4 \tag{2.5}$$

를 가지고 이 함수의 그래프 위에 있는 점 $(1, 2)$에서 접선을 구해 보자. 접선의 방정식은

$$y = m(x-1) + 2$$

인데, 우리가 구하려는 것은 $m$의 값이다. 조건 $(\dagger)$에 의하면 다항식

$$P(x) := x^7 - x^6 + 5x^2 + x - 4 - m(x-1) - 2$$

가

(A) 우선 $x-1$로 나누어떨어져야 하고, 또

(B) 이 나눗셈에서 얻는 몫 다항식이 다시 $x-1$로 한 번 더 나누어떨어져야 한다.

나머지 정리에 의하면 조건 (A)는 $P(1) = 0$와 같은 조건인데, 이 조건은 $m$값에 관계 없이 성립한다. 한편

$$\frac{F(x)}{x-1} = x^6 + 5x - m + 6$$

이므로 이 다항함수가 다시 $x-1$로 나누어떨어져야 한다는 조건 (B)는, 또 다시 나머지 정리를 쓰면, $1+5-m+6=0$와 같음을 알 수 있다. 따라서

$$m = 12$$

를 얻으며, 접선의 방정식이

$$y = 12x - 10$$

로 얻어진다.

## 2.4 토의

접선을 찾으려면 위와 같이 매번 장황한 계산을 거쳐야 할 것인가? 그런 수고를 해야 할 만큼 접선 찾는 일이 가치가 있겠는가? 아, 그리고 위의 계산은 점 $(1, f(1))$의 경우 접선의 기울기가 12라는 결과이니 다른 점에서는 다른 기울기가 얻어질 것 같고, 따라서 그래프의 모든 점, 혹은 수많은 점에서 기울기를 계산해야 한다는 것인가?

질문이 쏟아져 나온다. 위의 세 질문에 대한 대답은 순서대로, "글쎄요", "그렇습니다", "아마도 그렇겠죠?"가 될 것 같다.

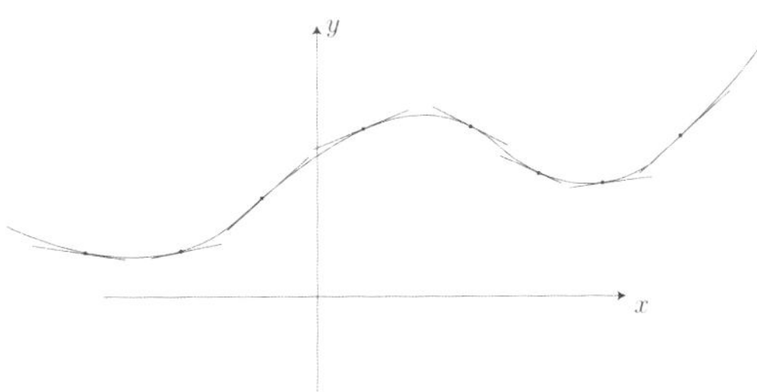


조그만 접선 조각들을 늘어 놓으면 그래프가 곡선일 것이라는 예상과 함께 곡선이 모습을 드러내게 되고, 이렇게 얻은 그래프가 함수를 직관적으로 이해할 수 있게 도와 주기 때문에, 함수가 중요한 만큼 그래프를 얻을 수 있게 하는 접선의 기울기를 발견하는 과정은 가치 있는 일이라는 주장은... 납득할 만 하다.

한 편, 위 계산은 장황하다. 보다 체계적이고 간단한 방법은 없을까? 연구가 필요하다!

이와 같이 장황한 추론과 계산 과정을 비교적 간단히 그리고 체계적으로 처리할 수 있는 방법론을 개발하는 것이 수학 연구의 중요한 한 갈래이다. 한 편, 이런 방법론은 되풀이하여 사용될 것이기 때문에 조그만 실수도 용납할 수 없다. 따라서 수학의 연구에는 정확한 증명(!)이 주어져야 하는 것이다.

**문제 2.4.1** 접선의 기울기를 구하기 위한 보다 나은 방법을 만들어 보자.

## 2.5 접선의 기울기 계산을 위하여

다항함수 $f(x)$의 그래프에 속하는 점 $(p, f(p))$의 접선의 기울기를 잠시 $m_p(f)$라고 쓰기로 하자. 그러면 아래 정리가 성립한다. (앞의 토의에서 이런 정리가 필요하다는 결론을 학생들이 이미 얻었을 것이라고, 저자는 굳게 믿는다.)

**정리 2.5.1 (미분의 선형성 정리)** **실수 $a$와 다항함수 $f(x), g(x)$가 주어졌으면, 실수 $p$에 대하여 아래 등식**

(1) $m_p(af) = a \cdot m_p(f)$.

(2) $m_p(f+g) = m_p(f) + m_p(g)$.

**이 성립한다.**

두 함수의 곱에 대해서는 어떤가? 300년 쯤 전에 이미 이런 질문을 생각했던 라이프니츠 (Leibniz) 교수는 여러 시행착오 끝에

**정리 2.5.2 (Leibniz 공식)** **두 다항함수 $f(x), g(x)$가 주어졌으면**

$$m_p(fg) = m_p(f) \cdot g(p) + f(p) \cdot m_p(g)$$

**가 성립한다.**

를 발견하였다.[2]

[2] 지금은 독자들이 미분을 이미 배워 알고 있기 때문에, 이런 것이 '정리'로 정립된다는 것이 싱거울 수 있다. 하지만, 이제까지 전개한 이론만 두고 보면 하나의 $x$좌표 값에서 구한 서로 다른 두 함수의 접선의 기울기를 합한 것이

**문제 2.5.1** 이런 정리를 논리적으로 증명(!)해야 하는 이유가 무엇인가? 토의해 보자.

**문제 2.5.2** 납득이 되었으면, 증명해 보자. (좋은 연습문제이다!)

**문제 2.5.3** 이런 계산은 다항함수에만 가능한가? 다른 함수에는 적용할 수 없을까? 알고 있는 다른 함수에는 적용할 수 있을까?

계속해서 질문이 생긴다.

**문제 2.5.4** 또 다른 정리를 발견할 수 있을까? 그리고, 그런 정리는 왜 필요하다고 생각하는가?

이런 질문은 소위 이론의 확장 가능성을 탐구하고자 하는 노력의 시작이 된다. 멋진 질문일 수밖에 없다!

---

어째서 두 함수를 합한 함수의 접선의 기울기가 되어야 하는지... 기하학적으로 설명하기는 쉽지 않다. 두 함수의 곱으로 나타나는 함수는 더 말할 나위도 없다. 따라서 이런 것은 수립되고 증명되어 마땅한 연구 과제였다.

# 3

# 더 복잡한 함수와 그들의 접선

## 3.1 분수함수와 무리함수

다항함수의 집합도 매우 크지만 모든 함수를 포함하지 못한다. 얼른 생각할 수 있는 예외는 분수함수이다. 두 다항함수 $f, g$가 주어지면

$$R(x) := \frac{f(x)}{g(x)}$$

꼴로 주어지는 함수가 **분수함수**이다. 이 함수는 분모인 $g(x)$가 0이 되는 $x$값에 대해서 값이 정해지지 못하지만, 당연히 생각할 만한 자연스런 함수이다. 아울러

$$H(x) := \sqrt{f(x)}$$

와 같은 함수도 생각할 수 있겠다. 이런 함수는 고등학교 과정에서 **무리함수**라는 이름으로 알려진 함수이다. 실수의 범위 안에 함수값이 존재하기를 바라는 경우라면, $f(x)$의 값이 음이 아닌 경우에만 정의된다고 해야 할 것이다. 물론 이 외에도 독자들이 알고 있는(!) 함수가 더 있겠지만, 우선 이 정도의 범위에서 접선 개념을 다루어 보기로 하자.

**문제 3.1.1** 지금 제시한 함수들에 대한 접선 이론을 수립하기 위해 필요한 이론은 무엇인가? 어떻게 만들어 가고 싶은가? 독

자 스스로 계획을 세우고 이 계획이 합리적인지, 연구할 가치는 충분한지에 대하여 토의해 보자.

## 3.2 미분 기호와 도함수 개념

이쯤에서는 접선의 기울기를 나타내던 기호 $m_p(f)$에 대한 불만이 서서히 등장하게 된다. 물론 기울기를 $m$이라고 하며 이론 전개를 시작했으므로 $m$이 "관습을 따라" 쓰이고 있고, 접선의 기울기 값이라는 것이 다항함수 $f$에 따라 달라지기도 하고, 그래프 위의 점 $(p, f(p))$에 의해 변할 수 있으므로 위의 기호도 그리 나쁘지는 않다고 느낄 수 있다. 하지만, 17세기 수학자들은, 특히 라이프니츠 씨는 이 기호가 그리 자랑스럽지 않았던 것 같다. 지금까지 널리 쓰이는 기호는 점 $p$에 접선의 기울기 값을 대응시키는 새로운 함수--이것이 원래 주어졌던 함수 $f$로부터 유도된 함수라는 의미로 **도함수**(derivative=derived function) 라는 이름을 사용한다--를 기호 $f'$로 표시했다. 그러므로 우리의 '옛' 기호와는

$$f'(p) = m_p(f)$$

라는 관계를 가진다.

"기호는 그저 기호일 뿐이 아닌가요? 그게 수학에 뭐 그리 중요하죠?"

영리한 독자가 물을 것 같다. 얼른 듣기에도 옳은 말이나. 하지만 그것만이 진실은 아닌 것 같다는 것이 선배 수학자들의 경험에서 우러나온 충고이다. 안 그래도 복잡한 수학 연구가 형편없는 기호 때문에 더 복잡해진다면... 그건 그리 바람직하지 않지 않겠는가?

좋다. 이왕 독자들이 현대 수학에서 배운 바를 애써 외면하지 않고 이제부터는 **접선의 기울기** 대신에 **미분계수**라는 잘 알려진

용어를 쓰겠고, 미분계수를 계산하는 과정을 **미분**이라고 부르려 한다. 독자들도 이 쪽을 좀 더 편하게 여길 것 같다.

## 3.3 합성함수의 미분 계수

역시 많은 연구 끝에 선진 수학자들이 택한 방법 중 하나는 합성함수의 미분이었다.

**정리 3.3.1 만일 $n$ 이 양의 정수이면,**

$$(x^n)' = nx^{n-1}$$

**가 성립한다.**

이 정리의 증명은 어떻게 해야 할까? 기호 $f(x) = x^n$ 를 쓰기로 하면, 점 $(p, p^n)$ 에서의 접선의 기울기는 기호 $f'(p)$ 로 표시하게 된다. 이 기호가 의미하는 바는

$$f(x) - f(p) - f'(p)(x-p) = q(x)(x-p)^2$$

가 적절한 다항함수에 대해 성립한다는 뜻이라는 점을 기억하자. 그러면 이전에 알려진 인수분해 방법에 의해

$$\begin{aligned} f(x) - f(p) &= x^n - p^n \\ &= (x-p)(x^{n-1} + px^{n-2} + p^2x^{n-2} + \ldots + p^{n-1}) \end{aligned}$$

임을 알고 있으므로, 양변을 $x - p$ 로 나누면

$$x^{n-1} + px^{n-2} + \ldots + p^{n-1} - f'(p) = q(x)(x-p)$$

가 성립해야 한다. 이제 양변에 $x = p$를 대입하면

$$np^{n-1} - f'(p) = 0$$

를 얻는다. 이 등식이 임의의 실수 $p$에 대하여 성립하기 때문에 위 정리가 증명되었다. (증명 끝)

이제 계속해서 또 하나의 정리를 증명해 보자.

**정리 3.3.2 (연쇄미분공식) 다항함수 $f, g$에 대하여 합성함수 $f \circ g$를 관계식**

$$f \circ g(x) = f(g(x))$$

**로 정의하면, 등식 $(f \circ g)'(x) = f'(g(x))g'(x)$가 성립한다.**

**증명.** 임의의 실수 $p$에 대하여 등식

$$\begin{aligned} f(g(x)) - f(g(p)) - f'(g(p)) \cdot (g(x) - g(p)) \\ = q_1(x)(g(x) - g(p))^2 \end{aligned}$$

와

$$g(x) - g(p) - g'(p)(x - p) = q_2(x)(x - p)^2$$

가 성립한다. 따라서

$$\begin{aligned} & f(g(x)) - f(g(p)) \\ & \quad - f'(g(p)) \cdot [g'(p)(x - p) + q_2(x)(x - p)^2] \\ & \qquad = q_1(x)[g'(p)(x - p) + q_2(x)(x - p)^2]^2 \end{aligned}$$

가 성립한다. 이제

$$P(x) = f'(g(p))q_2(x) + q_1(x)\{g'(p) + q_2(x)(x-p)\}^2$$

라고 두면 이 함수는 다항함수이고, 동시에 등식

$$\begin{aligned}(f \circ g)(x) - (f \circ g)(p) - [f'(g(p))g'(p)](x-p) \\ = P(x) \cdot (x-p)^2\end{aligned}$$

를 얻는다. 이로부터

$$(f \circ g)'(p) = f'(g(p))g'(p)$$

를 얻고, 동시에 증명이 완결된다. (증명 끝)

이런 정리를 증명할 만한 가치가 있(었)을까? 다음 연습문제를 생각해 보자.

**문제 3.3.1** 함수 $f(x) = (x^3 - x - 7)^{153}$이 주어졌다. $f'(2)$의 값을 구하여라.

다항식을 전개하여 각 항을 미분하는 수고에 비해 합성함수의 미분공식을 사용하는 즐거움을 누리셨는지?

## 3.4 분수함수의 미분

먼저 두 개의 다항함수 $f, g$에 의해 정의되는 분수함수 $R(x) := f(x)/g(x)$의 미분 개념을 어떻게 정의할지 생각해 보자. 일단 실수 $p$에 대하여 $g(p) \neq 0$가 성립하는 경우에 만일 실수 $m$이 존재하여 등식

$$R(x) - R(p) - m(x-p) = Q(x)(x-p)^2$$

가 성립하게 하며 실수점 $p$에서 유한한 값을 가지는 분수함수 $Q(x)$가 존재하면, $m$을 분수함수 $R(x)$의 미분, 즉 점 $(p, R(p))$에서의 접선의 기울기라고 정의하면 합리적이겠다.

**문제 3.4.1** 이렇게 정의하면 왜 합리적이라고 생각하겠는가? 이런 생각이 정당한지 토의해 보아라.

물론 토의의 결과로 위의 정의가 받아들일 만하다고 결론이 났으리라 믿는다. 이를 근거로 이론을 계속 전개하려고 한다. 우선 아래 정리를 얻는다.

**정리 3.4.1** **0이 아닌 다항함수 분모를 가지는 두 분수함수** $R(x), S(x)$**가 주어졌다고 하자. 그러면 합성** $R \circ S(x)$**도 자연스럽게 정의되며 다시 분수함수가 될 뿐만 아니라 등식**

$$(R \circ S)'(x) = R'(S(x))S(x)$$

**가 합성함수** $R \circ S(x)$**가 정의되는 임의의** $x$ **값에 대하여 성립한다.**

이 정리의 증명은 기본적으로 다항함수의 합성함수의 미분에 관한 정리 (앞의 **정리 3.3.2**) 의 증명과 같은 논증을 따르지만 분수함수가 정의되지 않는 점에 대한 주의를 기울여야 한다.

뿐만 아니라, 이제까지 증명한 여러 정리들도 (정리 2.5.1, 정리 2.5.2 등), 거기 등장하는 분수함수들이 잘 정의되는 $x$ 의 범위 안에서는 모두 성립한다. 이들 정리의 증명은 도전정신이 충만한 독자들을 위한 연습문제로 남겨 둔다.

**정리 3.4.2** **함수** $R(x) = 1/x$ **가 주어졌고, 0이 아닌 실수** $p$ **가 주어졌다. 그러면**

$$R'(p) = -\frac{1}{p^2}$$

**이 성립한다.**

증명은 전혀 어렵지 않다.

$$\frac{1}{x} - \frac{1}{p} + \frac{1}{p^2}(x-p) = Q(x)(x-p)$$

를 만족하는 분수함수 $Q(x)$ 를 찾아, $Q(p)$ 의 값이 잘 정의되어 있음을 확인하면 된다. 자세한 증명을 작성하는 것은 연습문제로 남겨 둔다.

이제까지의 노력이 아래 열매를 맺게 한다.

**정리 3.4.3 (분수함수 미분 공식)** **다항함수** $f, g$ **에 관하여** $g(p) \neq 0$ **를 만족하는 임의의 실수** $p$ **가 주어졌으면 등식**

$$\left(\frac{f}{g}\right)'(p) = \frac{f'(p)}{g(p)} - f(p)\frac{g'(p)}{(g(p))^2}$$

**이 성립한다.**

위 정리의 공식은 아래 등식

$$\left(\frac{f}{g}\right)'(p) = \frac{1}{(g(p))^2} \cdot (f'(p)g(p) - f(p)g'(p))$$

과 같다. (소위 나눗셈의 미분공식이라는 것이다.) 증명은 곱의 미분공식과 $(1/x)' = -1/x^2$, 그리고 합성함수의 미분공식으로부터 바로 도출된다. 역시 연습문제로 남겨 둔다.

## 3.5 무리함수의 미분

이제까지의 이론 전개를 회상해 보면 무리함수의 미분 개념도 비슷한 방법으로 정의할 수 있을 것 같다. 따라서 이제는 좀 더 세련된 논리를 전개하기 위해, 소위 모든 다항함수와 분수함수, 그리고 거듭제곱근 함수 등에 대하여 사칙연산과 합성함수 연산을 유한 번 시행하여 얻을 수 있는 함수를 모두 모은 집합을 (이 집합은 상당히 크다!) 생각하기로 하자. 이 집합을 기호 $\mathcal{A}$로 표시하기로 하자. 소위 **대수 함수** (algebraic function)**의 집합**이라고 부르는 개념이다.[1]

이런 함수를 하나 택하여 $A(x)$로 표시하고, 이 함수 $A$가 잘 정의되는 적절한 실수 $p$와 양수 $r$에 의하여 주어지는 구간

$$(-r+p, p+r) := \{x \text{ 실수}: \ -r < x-p < r\}$$

을 선택하자. 그러면 이 구간 안의 임의의 점 $q$에 대하여 양수 $m$이 존재하여 등식

$$A(x) - A(q) - m(x-q) = B(x)(x-q)^2$$

이 이 구간 안의 임의의 $x$값에 대하여 성립하게 하는 이 구간에서 잘 정의된 대수함수 $B(x)$가 존재하게 되는데, 이 때 $m$을 $A'(q)$, 즉 점 $q$에서 $A$의 미분계수로 정의하면 되겠다.

[1] 요즘 우리 나라의 젊은이들은 "개념" (concept)이라는 말에 재미있는 반응을 보이지만, 여기에서는 "적절한 뜻을 가진 언어 표현"이라는 뜻으로 쓰이고 있다. 이런 관점에서 보면, (순수) 수학의 연구 대상은 대부분 개념이나 개념의 조합으로 이루어져 있다.

물론 이런 정의를 위해서는 논리적인 오류가 발생하지 않도록 모든 미심쩍은 부분을 논증으로 "다져야" 한다. 그리고 이제까지 증명한 미분에 관한 여러 연산법 정리를 대수함수에 대하여 증명할 필요가 있다.

이런 연구가 완성되었으면 무리함수 미분법을 효율적으로 수행하기 위한 정리가 필요하다.

**정리 3.5.1 대수함수 $A(x) = \sqrt{x}$는 조건 $p > 0$를 만족하는 임의의 $p$에 대하여 등식**

$$A'(p) = \frac{1}{2\sqrt{p}}$$

**를 만족한다.**

증명은 제곱근의 정의를 따라 $A(x) \cdot A(x) = x$에서 출발하고 여기에 이미 증명해 둔 미분연산법을 사용하면 되겠다. 도전정신이 충만한 독자들을 위한 연습문제로 둔다.

## 3.6 토의

이제까지 살펴 본 것은 접선의 기울기라는 기하학적인 개념을 다항함수, 분수함수, 무리함수, 그리고 이들의 사칙연산 및 합성으로 이루어지는 모든 대수함수에 대하여 정의하고 계산할 때, 극한 개념 없이도 직관적으로 논증과 계산 방법론을 구성할 수 있다는 것이었다. 무엇보다 가장 부각시키고 싶었던 것은 함수의 그래프를 그리기 위한 초보적인 방법론을 만드는 과정에서 수학 연구란 어떤 것인지 본보기를 보여 주고 싶었던 마음이었다. 어느 정도 성공을 거두었기를 바랄 뿐이다.

그렇다면, 극한은 괜히 소개한 것일까? 물론 그렇지 않다.

대수적인 방법에 의해 구성될 수 있는 대수함수의 범주를 벗어난 함수, 예를 들어 삼각함수나 지수함수등의 미분은 이제까지 소개한 방법론으로 미분을 얻어낼 수 없다. (정말 그런지 직접 시도해 보라!) 그래서 미분에 대한 보다 일반적인 이론이 재정립되었다. 물론 이것은 중요한 수학 연구의 결과이다. 다음 절에서 간략히 연구 결과를 토의하고 (이 결과를 고교 수학 II에서 상당 부분 다루기에 여기에서 자세한 설명을 하지 않을 것이다.) 이 책의 내용 전개에 맞추어 필요한 만큼만 간략히 정리하려고 한다.

4

# 정립된 미분 이론

이제까지 대수함수의 그래프로 주어진 곡선의 경우 접선이라는 것이 그래프의 작은 조각과 매우 비슷할 것이라는 직관적인 믿음을 근거로 미분 계수, 즉 접선의 기울기를 계산하는 데에 주안점을 두고 나름대로 이론을 전개하며, 소위 **방법론**이라는 이름에 적절한 논리적 구조를 구성하는 노력을--즉, 수학 이론 연구의 한 형태를--감상하였다.

냉정하게 평가해 보면, 이 책의 시작부터 지금까지 개발한 방법론과 연구는 논리적으로 좀 엉성하다. 주어진 그래프로부터 구한 접선이 그래프의 작은 조각과 비슷하다는 것이 시작점이었는데, 이런 점이 논증되지도 않았을 뿐만 아니라 "비슷하다"라는 말의 뜻이 정확히 정해지지도 않았다. 허점은 이것 뿐이 아니었겠지만, 우리는 그냥 "우리의 직관을 믿는" 수준에서 이론을 전개했던 것이다.

따라서 이제까지 토의하고 연구(!)했던 것은 냉정하게 말해서 수학이라고 할 수 없지만, 그러나 수학적으로 아무런 의미가 없는 것은 아니었다. 장난처럼

"수학이라고 할 수는 없지만, 수학이 아닌 것도 아니었어."

라고나 해야 할 것인가? 코미디인은 그래도 되는지 모르지만, 수학자는 그럴 수 없다. 처음부터 다시 정리해야 할 필요를 느끼지 않는가?

## 4.1 극한이 도입되어야 하는 이유

곰곰이 생각해 보면 그래프의 작은 조각이 직선과 비슷하다는 말을 정의하는 것은 그리 쉬운 일이 아니다. 조각은 아주 작아야 하고, 필요할 때마다 더 작게 택해야 하지만 한 점을 직선과 비교할 것은 아니기에, 작은 조각이 점이 되지는 말아야 하지 않겠는가? 이런 말은 거의 자체 모순처럼 보여서, 논리적으로 정확하게 표현하는 것이 거의 불가능해 보이는데, 사실은 그렇지 않고, 이를 정확히 표현해 주는 아주 교묘하고도 영리한 방법이 있다. 극한 개념이 그것인데 지금부터 이 오묘한 개념을 이해해 보기로 하자.

어떤 책에서는 극한 개념을 소개하면서,

"$p$ 와는 다른 $x$ 의 값이 실수 $p$ 에 한없이 가까워짐에 따라 $g(x)$ 의 값이 실수 $L$ 에 한없이 가까워진다."

라는 말을 만들어 놓고 이를 기호

$$\lim_{x \to a} g(x) = L$$

로 쓰면서, 이것이 **극한**(limit) 이라는 개념이라고 가르친다. 그러나 냉정하게 말하자면, 이런 노력에도 불구하고 아직도 애매한 점이 있을 뿐만 아니라 조금은 엉성한(!) 점도 있다.

예를 들어 보자. 함수

$$g(x) = \begin{cases} 1 & (x \text{ 유리수}) \\ 0 & (x \text{ 무리수}) \end{cases}$$

에 대해서 $\lim_{x\to 0} g(x)$의 값은 무엇일까? $x$의 값이 0으로 접근함에 따라 함수값이 0으로 접근하지 않는 것은 아니니까 $g(x)$의 극한값이 0이라고 하면 될까? $x$가 무리수인 경우에는 0으로 접근하지 않으니까 (1은 0에서 무척 먼가?) 그렇게 말하면 어폐가 있는 것일까? 뭔가 더 명확하게 해야 한다는 점은 분명하다.

함수

$$h(x) = \begin{cases} x & (x \neq 0) \\ 2 & (x = 0) \end{cases}$$

의 경우에는 어떤가? $\lim_{x\to 0} h(x)$의 값은 무엇일까? $x$의 값이 0은 아니면서 0으로 가까이 감에 따라 함수값이 당연히 0으로 접근하니까 극한값이 0인가? 하지만 $h(0) = 2 \neq 0$이다. 그렇다면 이 값은 제외하고 생각하는 것이 옳은가, 옳지 않은가? 만일 제외해야 한다면 0은 0으로 접근할 수 없다고 말하는 것인가? 제외하지 않는다면 이 극한값은 한 개의 값으로 결정할 수 없다고 결론을 지어야 한단 말인가?

뭔가 명확하게 정리해야 할 필요가 있다. 1900년 전후의 수학자들은 이런 모든 개념을 논리적으로 정리하고 싶어 하였는데, 이제는 지금 이 책을 읽고 있는 독자들이 이런 수학적인 연구의 필요성과 가치를 느꼈기 바란다.

## 4.2 극한이란?

더 이상 뜸들이지 않고 수학자들의 정의를 소개하려고 한다. 먼저 **구간** (interval) 실수점 $a$에 대하여 적절한 양수 $r$이 주어졌으면, 구간 $N_r(a) := \{x$ 실수: $-r < x - a < r\}$을 정할 수 있다. 극한을 논리적인 명제를 이용하여 정의하려고 한다.

**정의 4.2.1** 실수점 $a$를 중심으로 한 반지름 $r$인 구간 $N_r(a)$에 속하는 모든 실수 $x$값에 대하여 정의된 함수 $f(x)$가 주어졌다고 하자. 만일, 임의의 양수 $\epsilon$에 대하여, 부등식 $|f(x) - L| < \epsilon$이 조건 $0 < |x - a| < \delta$를 만족하는 모든 $x$에 대하여 성립하게 하는 양수 $\delta$가 존재하면, **$f(x)$의 값이, $x$가 $a$에 한없이 접근할 때, $L$로 수렴한다**고 정의하며, 이를 기호로

$$\lim_{x\to a} f(x) = L$$

로 쓰기로 한다.

이 정의가 보통 아무나 쉽게 이해할 수 있는 것이라고 우길 수도 있을지 모르지만, 저자의 오랜 경험으로 보아 그런 것 같지는 않다. 하지만, "임의의" 라는 용어의 뜻을 잘 생각해 보면--사실 이 말 자체의 뜻이 그리 쉽게 다가오지 않는다--위의 명제가 하나의 명제라기 보다는 양수 $\epsilon$이 변할 때마다 명제가 대응되는 "매개변수화 된 명제" 라고 해야 할 것 같다. 저자는 이것을 **명제 함수** (Statement-function)라고 부르고 싶어 하는 이들의 의견을 이해할 수 있을 것 같다. 명제가 변수를 품고 있는 함수, 즉 변수의 값에 명제가 대응되는 일종의 대응관계라고 이해할

수 있을 것 같기 때문이다. 어쨌든 잘 생각해 보면 볼수록 교묘하게 잘 구성된 정의가 아닐 수 없다. 19세기에 정립된 위대한 정의이다.

**문제 4.2.1** 만일, $\lim_{x \to a} f(x)$의 값이 유한한 실수 값으로 존재한다면 [이 값을 **$x$가 $a$로 수렴할 때 함수 f(x)의 극한값** (the limit of $f(x)$ as $x$ approaches $a$)라고 부른다.] 이 값이 정확히 하나만 존재함을 증명하여라.

**문제 4.2.2** $\lim_{x \to a} f(x) = +\infty$라는 식의 의미를 결정할 수 있겠는가? 스스로 정의를 만들어 보아라.

이제 극한값을 구하는 연습문제를 많이 만들 수 있을 것이다. 하지만 여기까지 깊이 생각하며 스스로를 발전시켜 온 독자들은 이들 문제를 풀어내는 데에 만족하기 보다는 이런 문제를 효율적으로 풀기 위해 유용하게 쓰일 수 있는 이론을 개발할 필요를 느낄 것이다. 이런 것을 보통 '공식'이라고 부른다.

어떤 정리를 예상하고, 증명할 수 있겠는가? (교과서나 참고서를 보며 어떤 정리를 이미 개발하여 '공식'으로 쓰고 있는지 살펴 보아라. 그리고 그것으로 충분한지 다른 정리가 더 개발되어야 할 것인지 평가해 보아라.)

한 가지는 분명하다. 위의 논리적인 정의는 논리적으로 엄밀하지만 이 증명을 항상 거쳐야 한다면 황당한 일이다. 계산을 효율적으로 쉽게 해 내려면, 계산에 쓰기 편리한 이론의 개발이 필요하다.[1]

---

[1]이제까지 배운 내용을 회상해 보면 (이 책에서는 다루지 않지만) 극한과 사칙연산과의 관계를 수립해야 한다는 데 생각이 미칠 것이다. 교과서의

## 4.3 미분의 정의와 도함수

이제 극한 개념이 독자의 뇌리 속에서 명확해졌기를(!) 기대하며 아래 개념을 소개하려고 한다.

**정의 4.3.1** 실수 $a$를 중심으로 하고 반지름이 $r$인 구간 $N_r(a)$ 위에 정의된 함수 $f(x)$에 대하여 극한값

$$\lim_{x\to a}\frac{f(x)-f(a)}{x-a}=L \tag{4.1}$$

이 유한한 실수값으로 존재하면 함수 $f(x)$가 점 $a$에서 **미분가능**(differentiable)하다고 정의하고, 극한값 $L$을 점 $a$에서 함수 $f$의 **미분계수**라고 부르고 기호로 $f'(a)$로 표현하기로 한다.

이 정의는 전 세계 대부분의 고등학교 교과서에 올라 있는 것이고 특히 식 (4.1)은 **뉴턴 분수**(The Newton quotient)라는 이름이 붙은 유명한 것이다. 그러나 이런 것이 고착될 필요는 없다. 완전히 같은 정의이지만 아래와 같이 바꾸어 쓰는 것도 나름대로 의미가 있다.

**정의 4.3.2** 실수 $a$를 중심으로 하고 반지름이 $r$인 구간 $N_r(a)$ 위에 정의된 함수 $f(x)$에 대하여 등식

$$\lim_{x\to a}\frac{f(x)-[f(a)+L(x-a)]}{(x-a)}=0 \tag{4.2}$$

를 만족하는 유한한 실수값 $L$이 존재하면 **함수 $f(x)$가 점 $a$에서 미분가능**(differentiable)하다고 정의하고, 극한값 $L$을 점 $a$

---

정리들을 살펴 보면 이해가 갈 것이다.

에서 함수 $f$ 의 **미분계수**라고 부르고 기호로 $f'(a)$ 로 표현하기로 한다.

특히 수식 $y = f(a) + L(x - a)$ 가 점 $(a, f(a))$ 를 지나며 기울기가 $L$ 인 직선의 방정식임을 감안하면 위의 식 (4.2)가 우리가 이제까지 관심을 쏟아 부었던 "접선" 개념을 정의하고 있다는 점에서 한 가지 좋은 점은 바로 찾을 수 있다.

보다 다양한 수학으로 미분 개념을 일반화할 때에도 바로 위의 정의가 더 나은데, 합성함수의 미분법 (즉, 연쇄미분공식) 을 증명할 때에도 이 방법이 우수하며, 고차원 함수, 즉 다변수 함수의 미분을 정의할 때에는--여기에서는 다루지 않지만-- 더욱 더 우수하다는 것을 실감하게 될 것이다.

## 4.4 미분표

정의는 논리적이고 좋지만 직접 미분을 계산할 때에는 번거롭다. 따라서 계산을 위한 이론 개발은 필수다. 개발된 이론을 늘어놓아 사용하기 편하게 만들어 놓은 미분표를 만드는 것도 연구개발의 결과이다. 이제 표를 보며 무엇이 더 필요한지, 이것으로 이런 연구는 완결된 것인지 점검해 보고, 얻어진 결론을 다각도에서 비판해 볼 필요가 있을 것이다. [2]

[2]우리가 이제까지 전개한 이론에서는 미분표의 내용이 한 줄 밖에 없다. 그건 $(x^n)' = nx^{n-1}$ 이다.

## 4.5 그래프 그리기

이 책의 시작부터 지금까지 설정되었던 연구 목표는 주어진 함수의 그래프를 그리는, 또는 그래프를 그리기 위한 방법론을 수립하는 것이었다. 그 첫 번째 단계로 접선을 찾는 방법론을 탐구하였는데, 이제 다음 단계를 위한 질문을 해 보자.

> **접선을 충분히 잘 알면 그래프에 대해 무엇을 설명할 수 있겠는가?**

접선은 그냥 직선인데 거기에 대해 무얼 더 잘 알아야 하느냐고 반문할 독자가 계실 것 같다. 옳은 질문이다. 사실 이런 질문은 '접선을 잘 알면'이라고 쓴 표현이 그리 효율적으로 잘 쓴 것이 아닌 탓에 생긴 것이다. 보다 정확하게 쓰자면 "그래프의 각 점마다 접선의 기울기를 알고 있다면"이라고 했어야 옳다. 이제는 이 의견에 고개를 끄덕일 만 한가? 그렇기를 바란다.

그렇다면 정의역의 임의의 점 $p$에서 미분가능한 함수 $f(x)$에 대하여 각 점의 기울기 값을 기록하는 대응관계 $p \to f'(p)$, 즉 앞의 미분계수 기호로부터 자연스럽게 소개할 수 있는 함수 $f'(x)$가 각 점 $p$마다 접선의 기울기를 알려 주고, 따라서 접선(실제로는 접선의 방정식) $y = f'(p)(x-p) + f(p)$를 알려 주기 때문에 바로 앞에 소개하였던 '법칙'은

> 함수 $f'(x)$를 잘 알면, 함수 $f(x)$의 그래프를 잘 묘사할 수 있다

로 다시 쓸 수 있겠다. [물론 이 명제가 의미하는 바가 무엇인지 잘 이해할 수 있게 보다 정밀한 이론이 필요하다! 그건 잠시

후에...] 이런 연구를 수행하였던 당시 유럽의 수학자들은 이 중요한(!) 함수 $f'(x)$가 연구의 원래 대상인 $f(x)$로부터 유도된 함수 (derived function)라는 점을 표시하기 위하여 이 함수를 영어로 'the derivative'라고 불렀는데[3], 미적분 이론을 우리나 중국보다 먼저 받아들였던 일본이 이를 "도함수"라고 불렀고, 우리도 이 용어가 적절하다고 여겨 그대로 사용하고 있다.

자, 그렇다면 도함수를 보고 원래 그래프가 어떻게 그려져야 하는지 짐작할 수 있겠는가? 몇 가지 중요하다고 여겨지는 점을 나열해 보자.

1. **(극대, 극소)** 그래프의 어떤 점 $(p, f(p))$가 주변의 점들보다는 더 높은 위치에 있으면, 즉 적절한 양수 $r$에 대하여 부등식

$$f(x) \leq f(p)$$

이 조건 $|x - p| < r$을 만족하는 임의의 $x$에 대하여 성립하면, 이 점에서는 접선의 기울기가 0이 되어야 할 것이다.

'당연히 그렇겠지.' 따위의 의견은... 수학에서는 받아들일 수 없다. 특히 이것이 원칙이 되어 매우 자주 적용된다면... 이 명제에는 의심의 여지가 조금이라도 있어서는 안 된다. 따라서 반드시 증명되어 정리(이론)로 정립되어야 한다. (물론 이미 증명되어 있다.)

2. **(증가, 감소)** 그래프 위의 점 $(q, f(q))$ 주변에서 함수값이 커지면, 즉 적절한 반지름 $r$가지는 점 $q$의 근방 $N_r(q)$에서 명제

[3]뉴턴이 영국인이었으므로 영어로..., 하지만 당시에는 라틴어로 'derivata'... 지금도 이탈리아어로는 derivata라고 한다.

$t, s \in N_r(q)$가 조건 $t < s$를 만족하면 대소관계 $f(t) < f(s)$가 성립한다

가 참이면, 그래프 모양은 왼쪽에서 오른쪽으로 "올라 가는" 모양을 보일 것이다. 이런 현상은 접선의 기울기들이 양수 값을 가지는 경우에 해당할 것이다.

당연하다고? 그런 건 없다. 특히 마지막 부분은 이론으로 정립될 필요가 충분해 보인다. 자주 사용될 만한 원칙이 될 명제이므로 오류가 있을 가능성을 용납할 수 없으니, 증명을 거쳐 정리로 정립되어야 한다. 실제로 이 명제를 포함하는 보다 일반적인 이론이 미적분학의 유명한 정리인 "평균값 정리"(mean-value theorem)라는 이름으로 정립되어 있다.

**정리 4.5.1 (평균값 정리)** 닫힌 구간 $[a, b] := \{x\colon a \le x \le b\}$에서 정의된 실수함수 $f\colon [a, b] \to \mathbb{R}$가 연속이며, 열린 구간 $(a, b) := \{x\colon a < x < b\}$에서 미분가능하다면, 등식

$$f'(c) = \frac{f(b) - f(a)}{b - a}$$

를 만족하는 원소 $c \in (a, b)$가 존재한다.

직관적으로 당연해 보이는 이 정리의 증명이 쉽지 않은 점은 제쳐 두고라도 왜 이 정리가 그리도 오랫동안 미적분학에서 중요한 위치를 차지하고 있는지 궁금하지 않은가? 우선 위에 제시한

> **도함수의 값이 양수인 구간에서는 함수가 순증가 (strictly increasing) 한다.**

라는 원칙을 정립시킨다. 조금 더 이론이 전개된 후에 다시 언급하게 되겠지만 미분 과정을 뒤집은 역산(inverse operation)에 해당하는 부정적분(indefinite integral)이라는 연산을 정립하는 데에 결정적인 역할을 한다는 점에서도 이 정리의 중요성은 어마어마하다. 함수와 도함수, 그리고 그들 사이의 상호 관계는 대부분의 학문 연구 방법의 토대와 초석인데, 그 내용은 "천변만화"라는 한문 표현이 어울릴 정도로 다양하여, 아름답고 유용하면서도 어지러울 정도로 복잡하다. 그럼에도, 이들 이론의 대부분이 이 단순해 보이는 정리에 의존하고 있고, 또 매우 다양한 여러 문제들이 결국은 이 정리로 귀착되는 수가 많다는 점은... 생각할수록 놀랍고 늘 새롭게 느껴진다.

이 정리는 더욱 단순해 보이는 아래 정리에 의존한다.

**정리 4.5.2 (최댓값 정리) 대소관계 $a < b$를 만족하는 두 실수 $a, b$를 끝점으로 하는 닫힌 구간 $[a, b]$ 위에 정의된 실수함수 $f$가 연속함수이면, 부등식**

$$f(x) \leq f(c)$$

**가 임의의 $x \in [a, b]$에 대해 성립하게 하는 상수 $c \in [a, b]$가 존재한다.**

하지만, 이 정리의 증명은 "위상수학"이라는 이름으로 이제는 잘 정립된 약간 높은 수준의 이론을 써야 할 정도로 쉽지 않다. 소위 "고교 수준을 넘는" 정리인 것이다. 따라서 이 부분의 이야기는 이 정도에서 접는 것이 좋을 것 같다.

3. **(볼록, 오목)** 그래프의 접선이 평평한 점들 (페르마타?)과 증가 감소에 대한 정보가 얻어지면 일단 그래프의 윤곽이 어렴풋이 드러난다는 의견은 합리적이다. 하지만 곡선이 아래쪽으로 볼록하게 되는지 그 반대인지, 아니면 한 쪽으로 휘다가 어느 순간 이후에는 반대로 휘는지, 이런 것도 알고 싶은 것이 이 시점에서 생겨나는 새로운 욕심(!)이다.

도함수를 조금 더 이해하면 이런 것도 알 수 있을까? 지금부터 비밀을 파헤쳐 보자. (물론 이런 것도 미적분학을 개발하던 수학자들의 연구였다!) 우선 아랫쪽으로 볼록한 그래프를 그려 놓고 접선을 그려 보면, 접점이 왼쪽에서 오른쪽으로 옮겨 감에 따라, 접선의 기울기 값이 점점 커지는 것을 볼 수 있다. 이런 관찰을 바탕으로

> **(‡) 미분가능한 함수 $f$ 의 그래프가 어떤 구간에서 아래로 볼록하다는 것과, 도함수 $f'$ 가 어떤 구간에서 증가한다는 것은, 논리적으로 같은 말이다.**[4]

라고 예상할 수 있겠다. 이게 사실이라면, 도함수 $f'$ 가 증가한다는 것을 판정할 필요가 발생하는데 이건, 만일 도함수 $f'$ 가 미분가능하다면[5], 위의 2번 토의의 결과를 사용하여 도함수의 도함수

---

[4]두 명제 $P, Q$ 가 논리적으로 같다는 말은, "P가 참이면 Q도 참이다" 라는 명제와 그의 역명제인 "Q가 참이면 P도 참이다."라는 두 명제가 모두 참이라는 말이다.

[5]함수가 미분가능하다고 하여 그 도함수도 미분가능한 것은 일반적으로 사실이 아니다. 하지만 우리에게 익숙한 다항함수의 경우에는 도함수도 다항

(두 번째 도함수, 또는 2계 도함수라는 이름을 가진 $f'' := (f')'$의 값이 양수인지를 판정하면 되겠다.

그럼 이 단계에서 필요한 것은 위의 예상 (‡)을 증명하려고 해 봐야 할 것 같다. 그 전에 아래로 볼록하다는 말을 느낌으로 처리할 수 없으니 수학적으로 정확한 정의를 찾아야 하고, 증명하고 싶은 명제 이미 쓸모가 많을 것이 확실했던 이 명제는 "정리"가 되어 그 가치를 빛내게 될 것이다.

**정의 4.5.1** 구간 $[a, b]$ 위에 정의된 함수 $f$가 주어졌을 때, 구간에 들어 있는 임의의 두 점 $s, t$에 대하여도, 부등식

$$f\Big(\frac{s+t}{2}\Big) \leq \frac{f(s)+f(t)}{2} \tag{4.3}$$

가 항상 성립하면, 함수 $f$가 **아래로 볼록** (convex downward), 혹은 단순히 **볼록** (convex)하다고 부른다.

어쩌면 보다 직관적인 명제, "그래프에 서로 다른 점 두 개를 임의로 택하고 그들을 지나는 직선을 생각하더라도, 두 교점 사이에서는 그래프가 직선보다 아래 쪽에 있게 된다." 라고 하는 편이 위 정의에 있는 부등식보다는 더 확실하다고 생각하여 이 명제를 사용하여 함수의 볼록성을 정의하는 편이 나을지 모르겠다고 생각할 수도 있겠다. 사실 이 '직관적인' 조건과 위의 부등식으로--임의의(!) 두 점 $s, t$에 대해 성립하는--묘사되는

---

함수여서 얼마든지 여러 번 미분이 가능하다. 분수함수, 무리함수 등도 일부 예외가 있을 수 있으나 대부분의 점에서 여러 번 미분가능하고, 지수함수와 로그함수, 삼각함수 등의 익숙한 초월함수 역시 마찬가지이다.

조건은 논리적으로 정확히 같다는 것이 알려져 있다. 증명은?[6]

그러나 이 정의로는 우리가 원하는 방법론을 수립하는 데 부족해 보인다. 그래서 원래 목표로 하던 예상은 아래 정리가 될 것이다. 이 대목에서 **열린 구간** (open interval) 이라는 개념을 정의해 두기로 하자. 부등식 $a < b$를 만족하는 두 실수 $a, b$를 끝점으로 하는 열린 구간은 집합

$$(a, b) := \{x : a < x < b\}$$

로 정의하기로 하자. 끝점이 $\pm\infty$ (양 또는 음의 무한대) 인 경우도 자연스럽게 이 정의를 확장하서 생각할 수 있겠고, 두 끝점이 같은 경우도 생각할 수 있다. 두 끝점이 같은 열린 구간은 공집합이고, 두 끝점이 같은 닫힌 구간은 한 점으로 이루어진 집합이 된다.

**정리 4.5.3** 열린 구간 $(a, b)$ 위 어디에서나 두 번 미분가능한 함수 $f : (a, b) \to \mathbb{R}$가 주어졌다고 하자. 조건 $(s, t) \subset (a, b)$ 를 만족하는 열린 구간 $(s, t)$ 위의 임의의 점 $x$에서 부등식 $f''(x) > 0$가 성립하면, 이 구간에서 $f$의 그래프는 볼록하다.

**문제 4.5.1** $f'' < 0$인 경우, 또는 $f'' = 0$인 경우는 왜 언급하지 않고 있을까? 토론해 보아라.

[6] 이런 것은 왜 증명해야 할까? 수학의 개념을 정의하는 것은 자유롭게 할 수는 있지만 가능하면 최소의 조건으로 정의하려는 것이 수학자들이 원하는 바이다. 정리를 정립시키기 위해 증명을 할 때, 많은 경우 노력이 크게 절약되거나, 보다 명확해진다는 좋은 점과 이로부터 생기는 여러 파급효과가 매우 유용하기 때문이다.

4. **(미분가능한 함수의 그래프 ; 개략적인 모양 그리기)** 지금까지 전개하려 했던 이론을 바탕으로 주어진 함수가 미분가능하다면 그 함수의 그래프에 대한 지식을 얼마나 얻고, 그것으로 그래프를 얼마나 "진실에 가깝게" 묘사할 수 있을까? 이제 방법론을 단계적으로 만들어 보자.

(제1 단계) 일단 1, 2계 도함수 $f'(x)$, $f''(x)$를 계산한다. (두 번 미분가능하지 않으면 1계 도함수만이라도...)

(제2 단계) 1계 도함수가 양의 값을 가지는 구간과 음의 값을 가지는 구간들을 모두 찾아내고 분류한다. (이들 구간을 구분하는 끝점에서는 도함수의 값이 0이 되는 것이 자연스럽다. 따라서 기술적으로는, 방정식 $f'(x) = 0$의 근을 찾아 배열하고 이들을 끝점으로 가지는 구간에서 도함수의 부호를 조사하여 정리하는 것이 적절한 방법이 되겠다.)

(제3 단계) 2계 도함수가 존재하는 경우에는 2단계에서 찾아낸 구간을 다시, $f'' > 0$가 성립하는 구간과 $f'' < 0$가 성립하는 구간으로 세분한다.

(제4 단계) 이를 토대로 그래프의 모양을 짐작하여 그려 본다.

이것이 고교 과정에서 배우게 되는 미분법을 이용한 그래프 그리기 방법론이다. 이런 이론을 위해 여러 개의 (작은) 이론--반드시 증명되어야 한다!--이 필요하였다. 이제 잠시 눈을 지긋이 감고 생각해 보라. 이 수준에서도 정의와 정리와 증명의 필요성과 중요성을 볼 수 있지 아니한가?

**보충 4.5.1** 이런 과정을 거쳐 그려지는 그래프를 "개형" 즉, 개략적인 모형이라고 부른다. 상당히 정확하게 그렸다고 생각했다면 이 시점에서 약간 (충격을 받아) 흔들리게 된다. 저자는 그랬다. 왜 개형이라고 부를까? 보다 정확한 그래프가 있는 모양인데 어떤 것일까, 등등의 의문이 생기지 않는가? 토의해 볼 필요가 있을 것 같다.

이제까지 들었던 많은 예를 회상해 보면 그래프를 그리는 것이 여러 경우에 유익하다는 점을 인정할 만하다. 그림 한 장에 함수가 보여줄 수 있는 많은 사실을 담을 수 있기 때문이다. 그렇다면, 이 정도가 미분 이론이 제공할 수 있는 유익의 전부일까?

물론 그렇지 않고 더 많다. 미분 이론의 응용은 200여년이 넘는 기간 동안 연구되고 지금도 연구되고 있다. 이 강의에서도 이미 여러 번 비교적 단순한 모형을 들어 설명한 바 있다. 미적분학이 태동하고 발전하던 초창기에는 물리 현상을 설명하는 (운동, 에너지... 등등) 수학적인 방법론이 연구의 큰 부분을 이루었는데, 다음 마디에서 잠시 그것을 살펴 보기로 하자.

## 4.6 뉴턴의 고전 역학

우리가 사는 세상에 존재하는 '사물'을 관찰해 보면 다들 일정한 법칙(한자어로는 "이치/이론")을 따라 움직이는 것 같다. 소위 "물리"라는 용어로 대변되는 법칙을 소위 오류가 없거나, 있더라도 비교적 적은, 수학의 언어로 설명하고 정리하면 어떨까? 이것이 1700년 전후 뉴턴과 그 연구 그룹이 구성한 **고전 역학**(classical mechanics)의 바탕을 이룬 생각이었다. 잠시 조금만, 맛보기 정도로, 이해해 보고 지나가기로 하자.

### 4.6.1 위치, 속도 그리고 가속도

한 점이--고전 역학의 언어로는 어떤 물체가--움직인다. 움직였다는 것은 위치가 변하였다는 뜻이고 움직인 경로가 있었다는 것이다. 따라서 움직인 거리(distance)가 있을 것이다.

따라서 운동하는 물체의 위치는 시간에 따라 정해지는 시간의 함수이다. 실수 직선 위에서 점이 움직이고 있다면, 위치는 실수(좌표) 한 개로 표현되니까, 시간이라는 실수 변수 (실변수라고 부른다)를 매개체로 하여 표현되는 실수함수--함수 값이 위치를 나타내는--가 된다는 것을 이해할 수 있다.

가장 단순한 운동, 즉 일직선으로 움직이는 운동을 생각해 보자. 그러면 위치는 시간을 나타내는 실수변수 (=실변수) $t$에 의해 주어지는 실수함수 $f(t)$가 될 것이다.

이제 시간 변수의 값이 $t_0$인 시점에서 $t_1$까지의 물체가 운동하였으면 위치는 각각 $f(t_0), f(t_1)$이 되고 위치의 차이는 (운동 방향까지 생각하기 위해서 양수와 음수 값을 모두 취하기로 한다!) $f(t_1) - f(t_0)$가 되겠고, 아주 짧은 시간 동안에는 속도가 거의 변하지 않는다고 가정하면 매 시간점 $t$마다 측정된 속도 $v(t)$ 역시 실수함수이며,

$$f(t_1) - f(t_0) \sim v(t_0)(t_1 - t_0)$$

가 성립할 것이다. 양변을 $t_1 - t_0$로 나눈 다음 $t_1 \to t_0$ 에 따른 극한을 취하면

$$f'(t_0) = v(t_0)$$

를 얻게 될 것이다. 즉 고전역학에서는 속도는 위치의 순간변화율, 즉 미분이 된다.

계속해서 속도의 순간변화율을 생각할 수 있겠고, 이 개념이 고전역학의 가속도를 나타내는 함수 $a(t)$와 같다는 것을 알 수 있다. 즉

$$a(t) = v'(t) = f''(t) \tag{4.4}$$

라는 관계식을 얻을 수 있다.

### 4.6.2 자유낙하와 중력가속도

고전 역학의 주요 법칙 중 하나는 뉴턴의 운동 법칙이다. 이에 의하면 힘은 질량과 가속도의 곱이고, 따라서 가속도를 이해하는 것이 역학의 중요한 부분이 된다. 특히 지구상의 물체가 중력 이외에는 어느 무엇에도 영향을 받지 않고 움직이는 경우를 자유낙하 (free fall)라고 하는데 갈릴레오를 포함한 물리학의 선구자들은 이런 운동을 가능한 한 명확하고 일관성 있게 설명

하려고 하였다. 뉴턴의 만유인력 이론의 일부인 중력이 만들어 내는 가속도를 중력가속도라고 (gravitational acceleration) 부르는데 고전 역학의 가정 중 하나가 이 중력가속도가 상수(위치나 시간의 영향을 받지 않고 일정한 값을 가진다는 뜻)라는 것이다.[7]

이제, 물리학자들의 전통을 따라 이 가속도를 $g$라는 기호로 표시하기로 하자. 그렇다면... 자유낙하에는 이것 외에 다른 영향을 주는 힘이 없으니 $g$가 자유낙하를 기반으로 하는 운동의 모든 법칙을 설명해야 할 것이다...

하지만 대중은 좀 더 자세한 설명을 원한다. 예를 들어 야구공을 던지면 공은 적절한 곡선을 따라 움직이는 것처럼 보이는데, 왜 그런 현상이 생기는 것이며, 이 곡선은 어떤 모양인가? 공은 던지는 순간 속도를 주고 나면 그 공에 더이상 힘을 더할 수 없는데, 던져진 공은 왜 어떤 곡선을 따라 날아가는 것일까? 등등 등등... 많은 질문이 생긴다.

이런 질문에 친절한 대답을--그냥 "원인이 $g$이므로 $g$가 자유낙하 운동을 다 설명한다." 라고만 하지 마시고!--하려면 물체가 움직이는 위치 함수 (궤적 ; trajectory)를 구하고 각 위치에서의 속도 등도 구하고 거기에 또 달리 필요한 설명을 붙일 필요를 느끼게 된다. 다는 설명하지 못하겠지만, 조금 더 풀어 써 보자. 바로 앞 마디에서 설명한 바에 의하면 위치 함수 $f(t)$,

[7]중력가속도는 엄밀하게 말하면 상수함수가 아니다. 만유인력의 법칙과 뉴턴의 제2 운동법칙에 의하면 높이의 제곱에 반비례하는 높이의 함수이다. 그러나 지구상의 고정된 한 점의 상당히 작은 근방에서는 물체의 높이가 별로 크게 변하지 않는다는 가정 하에 이를 상수로 생각하고 이론을 전개하였을 뿐이다.

속도 함수 $v(t)$, 그리고 가속도 함수 $a(t)$ [자유낙하의 경우에는 가속도가 상수 $-g$ 이다.] 사이의 관계가

$$v(t) = f'(t), \quad a(t) = v'(t)$$

로 마련되어 있으므로 이 관계식에서 $v(t)$ 와 $f(t)$ 를 구하면 되겠다.

이 과정은 미분을 얻는 계산 과정 (즉, 미분하는 과정) 을 거꾸로 되짚어 가는 계산, 즉 "역산 (inverse operation)" 이다. 지금까지 살펴본 바에 따르면 고전 역학의 이해에 미분의 역산, 즉 "부정적분" 방법론이 필요하다는 것을 알게 되었다. 미분과 그 역산이 [간단히 '적분' 이라고 부른다] 고전역학 뿐만 아니라 엄청나게 많은 분야에 응용되고 세월이 흐를수록 점점 더 중요성이 커지고 있어서, 원래의 미적분 이론 연구인 미적분학은 현대에 더욱 더 연구의 필요성이 커지고 있다.

적분을 다루는 다음 장에서 보다 정밀하게 이론을 전개하겠지만 우선 우리가 알고 있는 몇 가지 사실

(0) 상수의 미분은 0 이다.

(1) 자연수 $n$ 에 대하여, $(x^n)' = nx^{n-1}$ 이다.

를 사용하여, 얼른 짐작해 보면, 적절한 상수 $c_1, c_2$ 에 대하여

$$v(t) = c_1 - gt \tag{4.5}$$

와

$$f(t) = c_2 + c_1 t - \frac{1}{2}gt^2 \tag{4.6}$$

가 성립할 것 같다.

**문제 4.6.1** 마지막 부분 계산이 좋아 보이는데, 저자는 마치 문제의 소지가 있는 것처럼 뭔가 묘한 뒷맛을 남긴 듯하다. 무슨 문제가 있는 것일까? 만일 문제가 있다면 어떻게 해소해야 할까?

하여튼, 위에 등장한 상수 $c_1, c_2$는 결정할 수 있다. 자유낙하는 물체를 허공에 가만히 놓는 순간 시작되므로 그 시간을 $t = 0$ 라고 두면, $v(0) = 0$이 성립해야 한다. 식 (4.5)에 이 정보를 적용하면,

$$0 = v(0) = c_1$$

를 얻는다. 계속해서, 물체를 처음 놓는 순간의 높이를 $h_0$ 라고 두면 (지면은 높이가 0이라고 두면 되겠다),

$$h_0 = f(0) = c_2 + 0 - 0 = c_2$$

가 성립하게 되겠다. 따라서, 위에서 얻은 식은

$$v(t) = -gt \tag{4.7}$$

$$f(t) = h_0 - \frac{1}{2}gt^2 \tag{4.8}$$

로 정리되고 이것이 물리학 교과서에 나오는 자유낙하하는 물체의 운동을 설명하는 '공식'이다.

5

# 적분에 관하여

앞서 적분, 부정적분 등의 용어를 소개한 바 있지만, 보다 정확한 이론 설명을 위해 잠시 이들 용어를 "버리고" 처음부터 새로, 백지 상태에서 다시 시작하기로 하자.

## 5.1 원시함수

뉴턴은 그의 스승인 배로우 (Barrow) 교수의 사사를 받으며 미적분에 관한 소양을 키웠고, 이를 물리학의 언어로 사용하며 거대 학파를 시작하여 수학은 물론 현대 과학과 공학에 엄청난 공헌을 남겼다.

바로 앞 장 마지막 부분에서 고전 역학 이론을 구성하는 중요한 공식(!)을 유도하고 만들어 낸 부분을 회상해 보자. 미분의 역산 과정을 사용하고 있는데, 그 부분 이론을 다시 점검해 보면서 이 마디의 내용을 전개하려고 한다.

앞에서 소개한 미분법에 의하면 (이제 라이프니츠 교수의 기호

$$\frac{d}{dx}f := f'(x)$$

를 사용하여 정리하기로 하자. 기호 $f'$ 보다는 번잡해 보이지만 나름대로 장점이 있기 때문이다. 특히 지금은 미분할 때 어느 변수로 미분하는지가 분명한 점이 좋다. 우선 우리가 아는 바를 활용하여 상수 $c$ 부터 출발하여 몇 함수를 미분한 것을 생각해

보자. 그러면

$$\frac{d}{dx}(c) = 0$$
$$\frac{d}{dx}(x^n) = nx^{n-1}$$
$$\frac{d}{dx}\left(\frac{1}{x}\right) = -\frac{1}{x^2}$$
$$\frac{d}{dx}(\sqrt{x}) = \frac{1}{2\sqrt{x}}$$

등을 알고 있으므로 이를 거꾸로 되돌리면 역산을 얻을 수 있겠다. 따라서 일단 용어를 만들어 두고 계속하는 것이 좋아 보인다.

**정의 5.1.1 (원시함수)** 주어진 함수 $f(x)$에 대하여 미분가능한 함수 $F(x)$가 존재하여 등식

$$\frac{d}{dx}F(x) = f(x)$$

를 만족하면 함수 $F(x)$를 $f(x)$의 **원시함수** (the primitive of $f(x)$)라고 부르기로 한다.

그런데... 이 정의가 그냥 받아들이기에는 기분이 썩 내키지 않는다. 상수함수 0 즉, 모든 점에서 함수값이 0인 함수의 원시함수는 상수함수 0도 되지만 상수함수 $-1005$도 되고, 사실 조금만 더 생각해 보면 아무 상수함수나 0의 원시함수가 되지 않는가? 좀 고민스럽다. 어떤 함수를 하나 정해 놓고 나서 그 함수의 원시함수를 구하는데, 하나가 아니고 여럿이 나오면 그걸 과연 계산했다고 할 수 있겠는가 라는 의문이 솟아오르기 때문이다.

좋은 방법은 일단 한 함수에 대해서 얼마나 많은 원시함수가 있는지 알아보는 것이 첫 번째 해야 할 일일 것이다. 적절한 열린 구간 $(a,b) = \{x: a < x < b\}$ 위에 정의된 함수 $f$에 대해 원시함수 $F, G$가 주어졌다고 하자. 그러면

$$(F - G)' = F' - G' = f - f = 0$$

이 된다. 따라서 두 원시함수의 차이로 정의되는 함수 $h := F - G$는 구간 $(a,b)$에 속하는 임의의 점 $x$에서 등식 $h'(x) = 0$을 만족한다. 이제 구간 안의 점을 하나 선택하여 $p$라 두면 구간에 속하며 $p$와는 다른 임의의 점 $x$에 대하여

$$\frac{h(x) - h(p)}{x - p} = h'(\zeta)$$

를 만족하는 적절한 점 $\zeta$가 존재한다. [평균값 정리!] 그런데 $h'$이 0함수여서

$$h(x) = h(p)$$

가 임의의 $x \in (a,b)$에 대해 성립하게 된다. (이유는? $x \neq p$이면 평균값 정리의 결과로 성립하고 $x = p$인 경우는 당연하다!) 따라서 원시함수는 상수의 차이 (미분하면 0이 되는 함수의 차이)를 제외하고는 본질적으로 유일하게 정의됨을 알 수 있고, 따라서 원시함수의 정의를 받아들일 만하다는 결론에 이른다.

## 5.2 뉴턴의 정리: 미적분학의 기본정리

뉴턴보다 2000년 정도 앞선 기원 전 300년 경에 치칠리아 섬 (지금은 이탈리아의 일부, 영어 발음은 시실리)에 있던 시라쿠스 (Syracus)라는 도시국가의 아르키메데스 씨는 (287–212 B.C), 단순히 **가로**× **세로**× **높이**라는 직육면체의 부피를 구하는 공식 정도만 가지고는 그 부피를 구할 수 없는 조금 더 복잡한 대상의 부피를 구하는 연구를 수행하였다. 특히 반지름 $r$인 구 $B(r)$의 부피 $V(r)$이

$$V(r) = \frac{4}{3}\pi r^3$$

임도 발견하였고, 그의 묘비에도 이 공식을 설명하는 그림 (구를 바닥의 반지름이 $r$이고 높이가 $2r$인 원통에 들어있게 하고 원통에 높이가 각각 $2r/3, 4r/3$인 눈금을 그려넣은 것)을 그리게 하였다는 전설을 남겼을 정도로 이 공식/정리를 자랑스럽게 여겼던 것 모양이다.

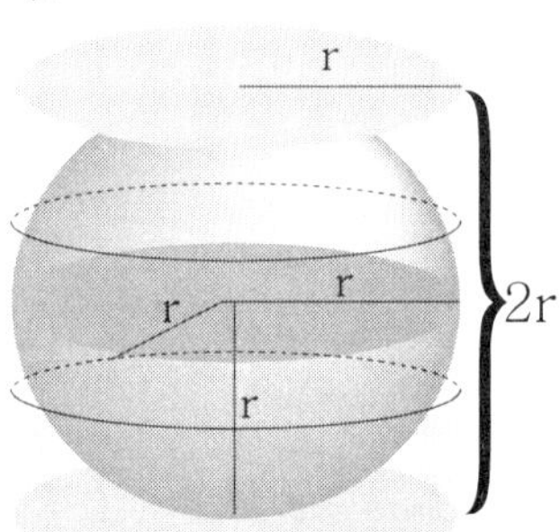


지금은 구분구적법 (volume by slices)이라는 이름으로 알려져 있는 위대한 방법론은--그렇지만 이 방법론으로 무엇을 정밀하게 계산하는 것은 무척 어렵다--사실상 아르키메데스의 발견이라고 한다.

그런데 이런 어려운 방법론이 뉴턴의 시대에 와서 원시함수와 연관이 있음이 밝혀지게 되었다. 이제 그 내용을 조금 설명해 보기로 하자.

문제를 단순화 하여 함수 $y = f(x)$의 그래프와 $x$축, 그리고 $y$축과 평행하며 점 $(a, 0)$을 지나는 직선과, 역시 $y$축과 평행하며 점 $(b, 0)$를 지나는 직선으로 둘러싸인 영역의 넓이를--$A$라고 표시해 두자--구해 보려는 것이 우리의 목표이다. 이제 밑변을 적절히 작은 구간으로 택하고 그 구간 위의 함수값 중에서 가장 큰 값을 택하여 그것을 높이로 하는 막대를 만든다.

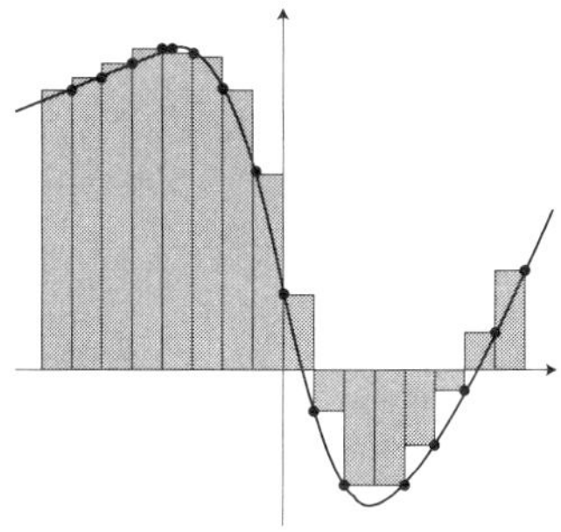

이 과정을 계속하여 막대그래프를 만들고 막대그래프의 넓이를 계산한다. 이 넓이 값을 잠정적으로 $U$라고 쓰기로 하자. 그러면 이 값은 사실 우리가 구하려는 넓이보다는 작지 않다. 즉

$$A \le U$$

가 성립한다. (참고로, 넓이 계산의 기본은 **밑변**×**높이**이므로) 막대그래프로 이 영역의 넓이를 계산하는 기본을 삼으려면 밑변이 $x$축에 있고 막대그래프가 축의 아랫쪽으로 드리워진 경우에는 높이를 $y$좌표값, 즉 음수값을 취하여 계산하는 것이 합리적이고

이렇게 계산하는 경우 아랫쪽으로 개발된 막대 그래프의 넓이는 음수가 되어야 한다는 점을 받아들여야 한다. 그것이 싫다는 것이 독자의 소신이라면 원래 그래프 말고 함수 $y = |f(x)|$를 생각하면 그런 소신과 맞을 것이니, 우리의 이론 전개를 받아들여 주기 바란다.)

이렇게 얻는 넓이 $U$는 밑변을 어떻게 나누었느냐에 따라 변하지만, 길이 (수없이 많은 밑변의 길이의 "최대값"을 택하여) 그것을 대표값으로 생각하고, 그 값이 0으로 한없이 접근하게, 즉 수렴하게 하면서 $U$값의 변화를 지켜보자. 위의 부등식이 유지되어 $A \le \lim U$는 성립하게 될 것이다. (극한값이 존재하는지는 모르지만!)

이번에는 비슷한 방법으로 막대그래프를 그리되 이미 위에서 잘게 쪼갠 작은 구간에서 가장 작은 함수값을 높이로 택하기로 하고 막대그래프의 넓이를 구하여 $L$이라고 적어 두자. 그러면

$$L \le A$$

가 성립하겠고, $L$값 역시 작은 구간을 어떻게 쪼갰느냐에 의해 변하겠지만 밑변의 길이의 최대값을 0으로 수렴하게 하면, 부등식

$$\lim L \le A$$

가 성립하게 될 것이다. 따라서 이제 엉성하나마 정의를 만들 수는 있다.

**정의** 5.2.1 만일 위의 구성 방법에 따라 얻는 두 극한값이 존재

하고 일치하면

$$A = \lim L = \lim U$$

로 정의하기로 한다.

이 과정은 얇게 썬 막대의 넓이를 모아/쌓아 넓이를 구하는 방법이라는 의미에서 영어로는 integral, 우리의 용어로는 "적분" 이라고 부르고 기호로

$$\int_a^b f(x)dx$$

로 표시한다. 이 기호는 물론 위의 구성 과정을 반영하는 것으로 그 자체의 역사가 있지만 그건 건너 뛰려고 한다.[1] 이 기호의 역사가 궁금한 독자는 다른 곳에서 배우기 바란다.

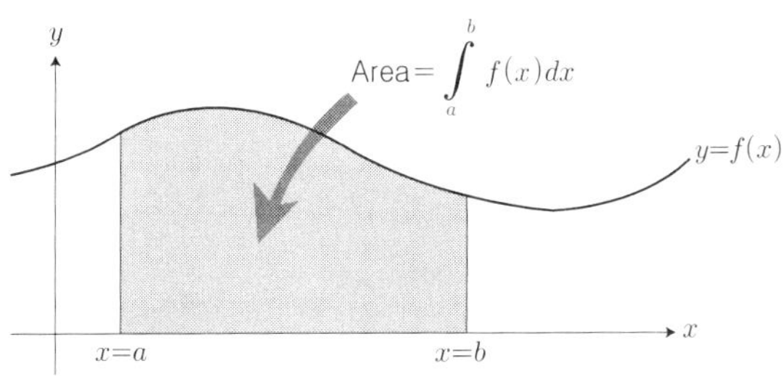


일견 관계가 없어 보이는 이 정적분과 정적분을 정의하는 함수 $f(x)$와의 관계를 뉴턴이 발견하였는데, 그 결과는 아래와 같다.

**정리 5.2.1 (미적분학의 기본정리) 닫힌 구간 $[a, b]$를 포함하는 적절한 열린 구간에서 미분가능한 함수 $F(x)$의 미분이 연속함수**

[1] 구간이 정해져 있다는 점에서 이 개념을 **정적분** (definite integral)이라고 부른다.

**$f(x)$ 이면, 등식**

$$\int_a^b f(x)dx = F(b) - F(a)$$

**가 성립한다.**

이 정리의 파급효과는 어떨까? 몇 가지만이라도 슬쩍 살펴보자. 우선 적분 변수의 표현을 바꾸고 $b$를 변수로 바꾼 식

$$\int_a^x f(t)dt = F(x) - F(a)$$

를 생각하고 나면

**따름정리 5.2.2 닫힌 구간 $[a, b]$를 포함하는 적절한 열린 구간에서 연속인 함수 $f$에 대하여**

$$\frac{d}{dx}\Big(\int_a^x f(t)dt\Big) = f(x)$$

**가 성립한다. 즉 연속함수의 정적분이 원시함수를 만들어 낸다.**

이런 의미에서 함수 $f$의 원시함수를 함수 $f$의 **부정적분**이라고 부른다.[2] 그리고 이제까지의 이론 전개를 바탕으로 연속함수 $f$의 원시함수를

$$\int f(x)dx$$

[2]'부정'이라는 말은 정해지지 않았다는 뜻인데, 여기에서는 적분 구간이 고정되지 않았다는 점을 나타내기 위해 쓰였다고 한다.

로 표시한다. 이 기호가 적절한 점은 금세 납득할 수 있을 것이다.

이 정리는 위대하다. 우선 구분구적법은 직관적이지만 계산이 거의 불가능한 경우가 많지만 원시함수를 구할 수 있는 함수로부터 주어지는 대상은 구분구적법으로 주어지는 정적분의 계산을 매우 간단히 구할 수 있게 해 준다. 뿐만 아니라 이와 같이 생성과정이 다른 두 개념이 연결되면 이 개념을 포함하는 이론이 적용되는 바가 무척 넓어지는데, 이것은 단순히 상상할 수 있는 이상으로 엄청난 파급효과를 지닌다. 지금 다 설명할 수는 없지만 두고두고 음미할 만한 '화두'가 될 것이다.

## 5.3 적분 기법

이제까지의 이론 전개를 보면 많은 함수를 미분하고, 적분하는 계산이 매우 쓸모 있다는 생각을 하게 될 것이다. 보다 많은 함수를 적분하기 위한 기법들이 몇 가지 있는데 아주 일반적으로 적용되는 이론 두 개만 소개하려고 한다.

### 5.3.1 치환 적분법

이 방법론은 합성함수의 미분법을 역으로 (적분은 미분의 '역산' 이므로 당연히 이 방향이 옳을 것이다) 해석하는 것이다. 만일 함수 $f$와 함수 $u$가 모두 미분가능한 함수이고 합성함수 $f(u(x))$가 잘 정의되도록 각 함수의 정의역과 치역이 구성되어 있으면 식

$$(f \circ u)'(x) = f'(u(x))u'(x)$$

가 성립하는 것은 전에 말한 바와 같다. 그렇다면 미적분학의 기본정리 (뉴턴의 정리) 에 의하여

$$\begin{aligned} f(u(b)) - f(u(a)) &= \int_a^b (f \circ u)'(x)dx \\ &= \int_a^b f'(u(x))u'(x)dx \end{aligned}$$

가 성립하고 또

$$f(u(b)) - f(u(a)) = \int_{u(a)}^{u(b)} f'(u)du$$

도 성립한다. 이를 종합하면, 등식

$$\int_a^b f'(u(x))u'(x)dx = \int_{u(a)}^{u(b)} f'(u)du$$

를 추론해낼 수 있는데, 이것이 **치환적분법** (integration by substitution)이다. 고등학교 과정에서는 이 방법론을

> **피적분함수의 적절한 한 부분을 $u$로 두고 $u'dx$를 $du$로 바꾸면서 전체를 $u$에 관한 식으로 변환한 다음 마지막으로 적분구간 $[a, b]$를 $[u(a), u(b)]$로 바꾸어 계산한다.**

라고 보다 친절하게 설명해 준다. 적분 값이 바뀌지 않으면서 피적분함수의 식이 바뀌기 때문에 이 방법으로 적분 계산이 쉬워질 수 있어어, 상당히 쓸모 있는 방법론이다.

예를 들어 보자.

**문제 5.3.1** 정적분

$$\int_0^3 4x\sqrt{1+x^2}dx$$

의 값을 구하여라.

(귀띔 : $u = 1 + x^2$로 치환하여 보아라.)

이런 이론을 발견하고 정리하여 쓰기 쉽게 만드는 수학 연구 역시 상당히 가치 있다는 것은 인정할 만 하지 않은가?

### 5.3.2 부분적분법

적분 계산은 비교적 어렵고, 잘 되지 않았기에 미분 계산으로부터 방법론을 뒤집어(!) 쓸모 있는 것을 추려서 정리할 필요가 있다. 그 중 유명한 것이 부분적분법인데 이것은 곱의 미분공식에서 출발한다.

$$(fg)' = f'g + fg'$$

이므로

$$f(b)g(b) - f(a)g(a) = \int_a^b f'(x)g(x)dx + \int_a^b f(x)g'(x)dx$$

가 성립한다. 이것을 다시 배열하여 얻는 등식

$$\begin{aligned} &\int_a^b f'(x)g(x)dx \\ &\qquad = [f(b)g(b) - f(a)g(a)] - \int_a^b f(x)g'(x)dx \end{aligned} \tag{5.1}$$

가 바로 **부분적분법** (integration by parts)이다. 이 식은 생긴 모양으로만 보아서는 적분하는 데에 큰 도움이 안 되어 보일 수도 있는 것이 기껏 변형을 거친 우변이 다시 또 다른 적분을 포함할 뿐만 아니라 모양도 비슷하고 차이점이라고는 미분이 위치를 옮긴 것 뿐이어서, 별것도 아니며 쓸모도 없을 것 같이 느껴지기 딱 좋게 생겼다. 하지만 실상은 그렇지 않다. 때로는 이 변형이 가히 "마술 같이" 적분 계산을 바꿔 놓기 때문이다. [다음 마디에서 $\log x$ 의 적분 계산을 음미해 보아라.]

## 5.4 더 많은 함수의 미적분 ; 함수공간의 확장

이전까지의 미분표는 기본적으로 함수 한 종류 즉, $x^n$ 의 미분이 고작이었고, 이것만으로는 인구증가 모형과 같이 단순한 미분 방정식도 풀 수 없었다. 알고 있는 함수의 종류를 다항함수, 분수함수(유리함수), 무리함수를 넘어 더 늘려야 한다. 해 보자.

### 5.4.1 자연로그함수

로그함수는

$$\log x := \int_1^x \frac{1}{t} dt \tag{5.2}$$

로 정의하기로 한다. 우격다짐으로 무조건 우변의 적분을 가지고 좌변의 기호 $\log x$ 로 나타내는 함수를 정의해 버렸(!)는데, 그렇기는 하지만 일단 $x$ 가 양수이기만 하면 우변의 정적분이 정의되니 $\log x$ 도 정의되기는 한다. 하지만 이렇게 마구잡이(?)로 정의하는 것은... 괜찮을까? 우선 정의로부터 아래 두 성질은 바로 얻는다.

성질 1: $\log 1 = 0$.

성질 2: $(\log x)' = \frac{1}{x}$.

그렇다면 원시함수는? 이것은 바로 위에 소개한 부분적분 기법을 사용하여 얻어낸다.

**문제 5.4.1** 로그함수의 원시함수(=부정적분) $\int \log x \, dx$ 를 구하여라.

**풀이.**

$$\begin{aligned}\int \log x \, dx &= \int (x)' \log x \, dx \\ &= x\log x - \int x(\log x)' \, dx \\ &= x\log x - \int \, dx \\ &= x\log x - x + C\end{aligned}$$

(단, $C$는 적분상수) 를 얻는다. (풀이 끝)

하지만 이전에 다른 방법으로 소개되었던 로그함수와 이렇게 "우격다짐 (?)" 으로 정의된 로그함수와 무슨 관계가 있는지 아직은 좀 확신이 서지 않을 것 같다. 먼저 아래의 식을 $a, b$가 모두 양수라 하고 계산해 보자. 정적분의 정의에 의하여

$$\int_1^{ab} \frac{1}{x} dx - \int_1^{a} \frac{1}{x} dx = \int_a^{ab} \frac{1}{x} dx$$

를 얻는다. 우변에 치환적분을 적용하되 $u(x) = \dfrac{x}{a}$를 사용하면,

$$\int_a^{ab} \frac{1}{x} dx = \int_1^{b} \frac{1}{u} du = \log b$$

를 얻는다. 즉 우리의 로그함수는 등식

$$\log ab - \log a = \log b$$

를 임의의 양수 $a, b$에 대하여 만족한다는 것을 알 수 있고, 따라

서 이 함수가 곱을 합으로 바꾸는 성질 즉, 등식

$$\log ab = \log a + \log b$$

를 만족한다는 결론에 이르게 된다. 성급한 결론을 내리기 전에 인내심을 가지고 다음 마디의 내용을 공부해 보자. 그리고 나서 결론을 내려 보기로 하자.

### 5.4.2 지수함수

고등 학교 과정에서는 지수함수를 먼저 정의하고 그 역함수로 로그 함수를 정의하였지만, 우리는 정적분과 미적분학의 기본정리에 의존하여 로그함수를 정의하였으므로 이제 이 함수의 역함수를 생각하려고 한다. 기호

$$L(x) := \log x \quad (x > 0)$$

로 두면, 미적분학의 기본정리에 의해 $L'(x) = \frac{1}{x}$ 이고 따라서 $x$가 양수 값을 임의로 가져도 $L'(x) > 0$가 성립한다. 따라서 평균값 정리에 의해서 로그함수는 순증가 함수이며, 결론적으로 1대 1 대응함수이고, 역함수가 존재한다. 이 역함수를 $E(x)$라는 기호로 표현하기로 하자.

앞에서 $L(1) = 0$임을 확인하였으므로,

$$E(0) = 1 \tag{5.3}$$

가 성립한다는 것은 당연하다. 이제 앞 절 마지막에 확인한 로

그함수의 성질에 의해

$$\begin{aligned} E(a)E(b) &= E(L(E(a)E(b))) \\ &= E(L(E(a)) + L(E(b))) = E(a+b) \end{aligned}$$

가 성립한다. 따라서

$$E(m) = E(1 + 1 + \ldots + 1) = E(1) \cdot \ldots \cdot E(1) = E(1)^m$$

이 임의의 자연수 $m$에 대하여 성립한다. 또한 로그함수의 정의구역이 모든 양의 실수의 집합이므로 $E$의 치역도 모든 양의 실수의 집합이어야 한다. 그러므로 임의의 자연수 $m$에 대하여

$$E(\tfrac{1}{m}) = \sqrt[m]{E(1)} = E(1)^{\frac{1}{m}}$$

이 성립하고 따라서 만일 방정식

$$1 = \int_1^x \frac{1}{t} dt$$

의 근을 (이 근은 정확히 하나 존재해야 한다! 중간값정리 때문이다.) $e$ 라고 두면, 이 숫자는 잘 알려진 네이피어 수 (약 2.71828...)와 같은데, 등식

$$E(r) = e^r$$

이 임의의 유리수 $r$에 대해 성립한다. 따라서 함수 $E(x)$를 실수

$x$에 대한 지수로 이해하는 것이, 즉

$$e^x := E(x)$$

로 이해하는 것이 적절하다.

계속해서

$$\frac{d}{dx}e^x - e^x$$

가 성립하는 것도 로그함수의 미분과 역함수의 미분을 계산하는 합성함수의 미분공식을 이용하여 알 수 있다. 뿐만 아니라 임의의 양의 실수 $a$에 대하여 지수

$$a^x := e^{x \log a}$$

를 정의하면, 일반적인 지수함수와 실수 지수도 모두 정의할 수 있다.

지수와 로그함수를 정의하는 방법으로 흔히 사용하는 방법을 하나 소개했지만 이 방법이 특히 쉽거나 더 정확한 것은 아닐 것이라는 것이 저자의 의견이다. 이 이론 전개의 바탕에 미분의 여러 정리들이 자리하고 있기 때문에 그리 단순한 방법도 아니라고 해야 할 것 같지만, 나름대로 장점이 많으므로 여기에 소개하였다.

### 5.4.3 초월함수라는 것

이런 함수들은 앞에서 소개한 대수함수의 범위를 넘어서기에 보통 초월함수라 부르는데, 이런 함수의 그래프에도 접선이 존

재한다. 하지만 이런 접선은 이 책 맨 처음에 소개했던 것처럼 $x - a$로 함수에서 직선의 방정식을 뺀 식을 나누어떨어지게 하는 계산 자체가 불가능하기 때문에 그런 식으로는 미분할 수 없다.

따라서 이런 함수를 미분하기 위해서는 반드시 극한 개념이 필요하고 뉴턴 분수를 이용한 미분의 정의가 있어야 하는 것이다. 이제는 임의의 미분가능한 함수에 (대수함수이든 초월함수이든) 적용되는 뉴턴의 미분 정의가 정립되어 있으므로 그것을 사용하는 것이 일반적이고, 따라서 대수함수에만 적용되던 옛 법을 버리고 일반적인 새 법만을 가르치고 있는 것이다. (극한과 뉴턴 분수를 다루는 것이 독자의 입장에서 조금 난삽하기는 하겠지만...)

**문제** 5.4.2 로그함수나 지수함수는 다항함수가 될 수 없다. 왜 그런지 증명하여 보라.

물론 이들은 유리함수도 될 수 없고, 대수함수가 될 수 없다. 그건 어떻게 증명할 수 있을까?

### 5.4.4 응용: 전염병의 확산 모형

앞에서 식

$$f'(x) = kf(x)$$

를 만족하는 함수 $f(x)$를 구하는 문제를 제시했었다. 여기서 $k$는 상수이고, $f(0) = b$라는 값은 측정되어 있었다고 하자. 그러면

$$f'(x) - kf(x) = 0$$

와 방정식

$$e^{-kx}f'(x) - ke^{-kx}f(x) = 0$$

은 같은 방정식이다. 좌변을 잘 들여다 보면 곱의 미분공식에 의해 위의 방정식이

$$\left(e^{-kx}f(x)\right)' = 0$$

로 변형된다. 따라서 적절한 상수 $C$에 대하여

$$e^{-kx}f(x) = C$$

를 얻으며 바로

$$f(x) = Ce^{kx}$$

가 얻어진다! 이제 양변에 $x = 0$을 대입하면 $b = f(0) = Ce^0 = C$가 얻어지며, 결론적으로

$$f(x) = be^{kx}$$

를 얻게 된다 (지수함수를 소개한 덕분에 이 문제를 풀 수(!) 있었음을 음미해 보시라...!)

이 모형에 따르면 박테리아의 증식은 시간이 조금만 오래 지나면 어마어마한 속도로 증가하여 지구를 가득 덮어버릴 것이다. (하지만 다행히도 이 모형은 긴 시간이 경과할 때에는 별로 정확하지 않다고 한다. 흐...)

### 5.4.5 삼각함수와 역삼각함수

위에서 보는 바와 같이 다양한 함수를 찾아내어 함수 공간을 확장하는 것은 수학자들의 취미 생활에 불과한 것이 아니고, 실제로 우리의 생활과 밀접한 관계를 가지는 경우도 아주 많다. 수학의 형이상학적인 측면 때문에 많은 이론 수학자들이 생전에는 홀대를 받는 수가 많지만, 어차피 수학이라는 학문 자체를 사랑하는 수학자들이 그런 불합리한 편견을 참고 수학 연구에 전념하는 것을 볼 때, 저절로 고개가 숙여지곤 한다.

이번에는 역사 깊은 삼각비와 이로부터 파생되는 삼각함수, 그리고 그 역함수(!)에 대하여 소개하려 한다.

우선 삼각함수를 생각해 보자. 예각에 대한 삼각비는 예전부터 잘 알려져 있지만 일반각에 대한 삼각함수는 어떻게 정의하면 좋을까? 각의 크기를 대응하는 단위원의 호의 길이로 정의하여 "라디안 (radian)"이라는 단위가 소개된 이후, 각은 실수 값을 가지는 것이 자연스럽고 당연하게 인식되어 왔으므로 이에 대한 설명은 줄이겠다.

이제 $\alpha$ 라디안으로 각이 주어졌다는 것은 $xy$ 평면 안에 있는 단위원 위의 점 $(1, 0)$에서 반시계 방향으로 호의 길이 $\alpha$ 만큼 회전한 점 (여전히 단위원 위에 있다!)--만일 $\alpha$ 값이 음이면 시계 방향으로 이동한다--의 좌표를 $(\cos\alpha, \sin\alpha)$로 정하여 이를 따라 **코사인** (cosine)과 **사인** (sine) 함수의 값을 정의하면 된다. 이로써 사인 함수가 주기함수이고 그 값이 $-1$과 $+1$ 사이에 있음을 알 수 있고, $\sin 0 = \sin\pi = 0$, $\sin\frac{\pi}{2} = 1$ 등등의 정보를 편리하게 읽어낼 수 있다.

그런데, 사인 함수는 미분가능한 함수일까?

이 질문에 대답하기 위해서는, 최소한 지금으로서는, 미분의 정의의 가장 중요한 부분인 뉴턴 분수를 생각해야 한다. 그러니까,

$$\lim_{h\to 0}\frac{\sin(a+h)-\sin(a)}{h}$$

가 존재하는지 조사해야 하는 것이다. 이것을 계산하기 위해서는 $\sin(a+h)$를 전개(?)하는 방법이 필요한데, 여기에 대해 이미 알려진 바가 있으므로 그것을 사용하려고 한다. 바로 아래의 정리이다.

**정리 5.4.1 (사인 덧셈정리) 임의의 각 $A, B$ 라디안에 대하여 등식**

$$\sin(A+B)=\sin A\cos B+\cos A\sin B$$

**이 성립한다.**

**증명.** 삼각함수의 주기성을 이용하면, $A$와 $B$가 모두 예각인 경우에 위 등식이 성립함을 증명하는 것으로 충분하다. 그런데 이 경우는 아래 그림과 같이 꼭지각을 $A+B$로 가지도록 각 $A$와 $B$를 붙여 두고 두 각을 구분하는 반직선과 수직으로 교차하는 직선을 그리면, 직각 삼각형 두 개가 붙어 큰 삼각형을 하나 만든다.

이제 두 삼각형의 넓이의 합이 큰 삼각형과 같다는 등식을 잘 들여다 보면 위 정리를 얻으므로 이것으로 증명이 끝난다. 나머지는 독자 스스로 해 보도록 하고 생략한다. (증명 끝.)

그러면

$$\sin(a+h) - \sin a = \sin a(\cos h - 1) + \cos a \sin h$$

가 되고 뉴턴 분수는

$$\lim_{h\to 0} \frac{\sin(a+h) - \sin a}{h} = \lim_{h\to 0} \left\{ \sin a \frac{\cos h - 1}{h} + \cos a \frac{\sin h}{h} \right\}$$

로 변형되는데 이미 알려진 바와 같이 (고교 교과서에 있는 바와 같이)

$$\lim_{h\to 0} \frac{\cos h - 1}{h} = 0, \quad \lim_{h\to 0} \frac{\sin h}{h} = 1$$

등이 성립하므로 (왜 그럴까? 증명해 보아라.) 뉴턴 분수의 값이 $\cos a$가 된다. 그러므로,

> $\sin x$**는 임의의 점에서 미분가능한 함수이고, 도함수는** $\cos x$ **이다**

라는 사실을 알 수 있다.

등식 $\cos x = \sin(\frac{\pi}{2} - x), \sin x = \cos(\frac{\pi}{2} - x)$을 이용하면, 합성함수의 미분공식에 의하여

$$(\cos x)' = -\sin x$$

를 얻고, 미분에 관한 나눗셈 공식을 사용하면 $\tan x$의 미분을 얻는 등, 이제 미분표 (따라서 적분표)의 내용이 늘어나게 되었다.

이제 사인 함수의 역함수를 소개하려고 한다. 우선 먼저 사인 함수는 주기성을 가진다는 이유 때문에 순증가 함수도 아니고 순감소 함수도 아니어서, 일대 일 대응함수가 아니다. 따라서 "자연 그대로는" 역함수를 가질 수 없다. 하지만 구간을 줄여 열린 구간 $(-\frac{\pi}{2}, \frac{\pi}{2})$ 위에서만 보면 $(\sin x)' = \cos x > 0$가 성립하기 때문에 순증가 함수이고, 따라서 일대 일 대응함수가 된다. 즉

$$f(x) = \sin x, \quad (-\tfrac{\pi}{2} < x < \tfrac{\pi}{2})$$

의 역함수 $g : (-1, 1) \to (-\frac{\pi}{2}, \frac{\pi}{2})$를 생각할 수 있고, 이를 **역사인함수** (arc sine function)라고 부른다.

추론이 길어졌는데, 이제 이 역함수의 미분을 생각하려고 한다. 함성함수의 미분공식에 의하여

$$1 = (x)' = (\sin g(x))' = (\cos g(x)) \cdot g'(x)$$

를 얻는다. 한편 조건 $-\frac{\pi}{2} < g(x) < \frac{\pi}{2}$ 때문에 $\cos g(x) > 0$가 성립하고, 따라서 피타고라스 정리의 결과로

$$\cos g(x) = +\sqrt{1 - \sin^2 g(x)} = \sqrt{1 - x^2}$$

을 얻는다. 결론적으로

$$g'(x) = \frac{1}{\sqrt{1 - x^2}}$$

를 얻는다. 이 함수 $g(x)$는 당연하게도 **역사인 함수** (inverse sine function)이라고 부르고, 기호로 $\sin^{-1} x$로 표시한다. (참고로,

$\frac{1}{\sin x}$ 은 $\csc x$ 로 표시하여 역사인 함수와 구분한다.) 위의 식을 다시 쓰면

$$\frac{d}{dx}\sin^{-1}x = \frac{1}{\sqrt{1-x^2}}$$

가 얻어진다. 미분/적분표에 공식이 또 하나 추가 되었다.

# 6 미분방정식과 미래 예측

## 6.1 미분방정식?

미분방정식이란 함수와 변수 및 그 함수의 도함수들 사이의 관계식으로 이루어진 방정식으로서, 목표는 이 방정식으로부터 원래 함수를 찾아내는 것이다. 앞에서 다루었던 박테리아의 증식을 설명하는 함수를 찾은 것이 좋은 예다. 시점 $t = 0$일 때 박테리아의 수 $b$가 주어졌고, 각 시점 $t$에서 박테리아 수의 순간변화율(미분!) $f'(t)$와 박테리아의 수 $f(t)$ 사이의 정비례 관계를 나타내는 상수 $k$가 주어져서 방정식과 초기조건

$$f'(t) = kf(t), \quad f(0) = b$$

이 주어졌고, 일정 시간 $t$가 되었을 때 박테리아의 수 $f(t)$가 얼마나 될지 알아보려는 것이 목적이므로 함수 $f(t)$를 구하고 싶고, 이것이 미분방정식을 풀어야 하는 이유이다.

만일 미분방정식이 적절하게 만들어졌고, 그것을 풀 수 있다면 순간의 계측을 바탕으로 장기간 무슨 일이 일어날지 예측할 수 있게 될 것이기 때문에 미래 예측이 가능하게 되는 것이다. 미분방정식의 응용이 이런 방향으로만 이루어지는 것은 아니고 응용 방향과 분야가 무궁무진하지만, 이 정도만 설명하여도 미분방정식 이론이 매우 쓸모 있음을 느낄 수 있을 것이다.

## 6.2 풀 수 있는 미분방정식 몇 개

그런데 미분방정식을 세우기는 쉽지만 풀어내는 것은 대략 불가능하다. 그래서 대학에서도 미분방정식의 강의는 우선 풀 수 있는 방정식 몇 개를 어떻게 해결하는지 가르치고, 깨끗하게 풀어 답을 얻을 수 없는 경우에는 어떻게 미분방정식을 취급하는지 이론을 개발하려는 방향으로 발전한다. 깨끗이 구체적인 식으로 함수를 구할 수 없다 하여도 풀이가 되는 함수의 성질은 어느 정도 구할 수 있는 경우가 많다. 이런 것이 이론 수학의 힘이다.

우선 풀 수 있는 미분방정식의 예를 들어 보자. 앞서 보여 주었던 방정식

$$f'(x) = kf(x)$$

는 너무 단순화된 모형이다. 제한된 공간 안에서 박테리아는 증식하는 동안에 서로 경쟁하게 된다. 즉 박테리아는 자신의 주변에 다른 박테리아가 쉽게 자리를 잡고 증식하지 못하게 방해하는 특성이 있다. (항생제 같은 것을 만든다.) 이런 점을 반영하는 미분방정식은

$$f'(x) = kf(x) - af(x)^2, \quad f(0) = b \tag{6.1}$$

이 된다. 여기에서 새로 등장한 상수 $a$도 양수이며, $f(x)^2$ 항은 박테리아 끼리 만날 경우의 수이며 새로 등장한 양의 상수 $a$와 함께 $-af(x)^2$ 항은 박테리아끼리 서로 증식을 방해하여 개체 수의 순간증가율을 "까먹게" 만드는 현상을 대표한다. 앞의 단순 모형보다는 보다 더 합리적인 이 모형을 풀어 낼 수 있을까?

우변으로 좌변을 나누고 적분을 하면

$$\int_0^t \frac{f'(x)}{kf(x) - af(x)^2} dx = \int_0^t 1\, dx$$

를 얻는다. 우변은 바로 $t$가 되고, 좌변은 치환적분을 사용하되

$$u = f(x)$$

라고 두어

$$\int_{f(0)}^{f(t)} \frac{du}{ku - au^2} = \frac{1}{k} \int_b^u \frac{1}{u(1 - cu)} du$$

를 얻는다. 여기에서 $c = a/k$이고 양수이다. 이제 부분분수 기법을 사용하여

$$\frac{1}{u(1 - cu^2)} = \frac{p}{u} + \frac{q}{1 - cu}$$

를 만족하는 상수 $p, q$를 찾는다. (통분한 후 분자의 계수를 비교하면 금방 구할 수 있다.) 이제 적분을 계산하면

$$\frac{p}{k}(\log u - \log b) + \frac{q}{k}(\log(1 - cu) - \log(1 - bc)) = t$$

를 얻고, 이를 정리하면 $u$ 즉 $f(t)$를 포함하는 대수방정식을 얻는다. 이것을 풀어 $f(t)$를 구하면 된다. 자세한 계산은 생략하지만 관심있는 독자는 이것을 풀 수 있을 것이라고 생각하여 이 정도에서 멈춘다.

## 6.3 풀지 못하는 미분방정식은? 멱급수 풀이법

만일 풀이가 멱급수함수, 즉

$$f(t) = a_0 + a_1 t + a_2 t^2 + \cdots + a_m t^m + \cdots$$

형태라면, 미분방정식은 이 식의 계수들 사이에 관계식을 준다. 이를 점화식으로 하여 계수들을 구한다면 (참고로 $a_0 = f(0)$ 이다.) 아쉬운 대로 풀이를 구한 셈이 된다. 수렴하는 무한급수의 경우에는 적절한 길이에서 끊고 나면 오차가 있기는 하지만 충분히 작고, 꼬리가 끊긴 함수는 다항함수이므로 함수값 계산이 쉽다. 따라서 이 정도의 답이 (오차는 있지만...) 의미가 있을 수 있겠다.

그렇다면 언제 풀이가 멱급수함수가 되는 것일까? 풀이는 구하지 못하여도 멱급수함수 풀이가 있다는 것은 알 수 있을까? 여기에 대한 유명한 이론이 있다. 코발레프스키 정리가 그것인데[1] 문헌을 찾아 보면 이 정리는 코시-코발레프스키 정리 (Cauchy-Kowalewsky theorem)이라는 이름으로 알려져 있다.

[1]수학 역사에 기록된 여성 수학자 Sofia Kowalewskaya (1850-1891, 러시아) 가 발견한 정리이다. 성차별이 당연시 되던(!) 시절이라 이를 피하기 위해 남성형 이름인 Kowalewsky 라는 이름으로 논문을 발표하였다는데, 기록을 중시하는 수학자들은 저자가 기록하였던 그대로 코발레프스키 정리라고 부른다.

## 6.4 토의: 또 다른 접근 방법?

함수를 전개하는 방법은 또 있다. 주기함수인 경우에는 푸리에 급수 (Fourier series)를 사용할 수 있다. 하지만 여러 이유 때문에 더 이상은 이론을 전개하지 않으려 한다. 다만, 함수 공간을 생성시키는 기본 함수들, 멱급수의 경우에는 단항식들, 푸리에 급수의 경우에는 삼각함수들... 이런 함수들을 찾아 활용하는 기법은 순수 이론 수학이지만 미분방정식처럼 바로 곁에 응용을 달고 있는 대상을 공부하는 데 중요한 역할을 한다. 이와 같이 이론과 응용은 바로 곁에 있어 서로 매우 가까이 존재한다는 점을 다시 강조해 두고 싶다.

# 7

# 역학계 ; (dynamics)

## 7.1 역학계

영어로 Dynamical system이라고 부르는 수학적인 개념은 이론 자체를 설명하기보다는 예를 들어 이해하려고 하는 편이 좋을 것 같다. 이미 다루었던 단순한 초기 조건이 주어진 미분방정식

$$f'(x) = f(x), f(0) = 1$$

을 생각해 보자. $x = 0$ 에서 이 방정식은

$$f'(0) = f(0) = 1$$

을 제공한다. 따라서 $y = f(x)$ 위의 점 $(0, f(0)) = (0, 1)$ 근처에서는 그래프가 접선 $y = x + 1$ 과 매우 비슷할 것이다. 그러므로 $x = 0.1$ 인 경우 $f(0.1)$ 의 값은 접선의 함수값인 1.1과 매우 비슷하겠고, 따라서 점 $(0.1, 1.1)$ 에서의 접선은 대략 직선 $y = 1.1(x - 0.1) + 1.1$ 이라고 근사적으로 생각할 수 있겠다. 따라서 $x = 0.2$ 에서는 함수값을 근사적으로 $1.1(0.2 - 0.1) + 1.1 = 1.21$ 로 잡으면 적절하겠고 접선의 기울기는 다시 f'(x)=f(x)를 이용하여 1.21삼으면 되니 접선의 방정식은 대략 $y = 1.21(x - 0.2) + 1.21$ 이 되겠다. 다시 $x = 0.3$ 으로 두고 같은 논법을 사용하면, 비록 근사적이기는 하나 $x$ 의

값이 서서히 증가함에 따라 함수값이 어떻게 움직이는지 윤곽이 드러나기 시작한다.

이와 같이 초기조건을 미분방정식에 대입하여 접선의 기울기를 구하고 그래프가 접선과 비슷함을 이용하여 가까운 다음 $x$값에서 함수값을 구한 다음, 이렇게 얻은 정보를 새로운 초기조건으로 하여 그 점에서 원래 미분방정식을 이용하여 접선의 기울기와 접선의 방정식을 구한 다음 다시 다음 가까운 값으로 옮겨 가는 기법...을 사용하면 미분방정식의 풀이는 아니지만 어떤 오차범위 안에서 풀이 곡선을 근사적으로 얻을 수 있게 될 것이다.

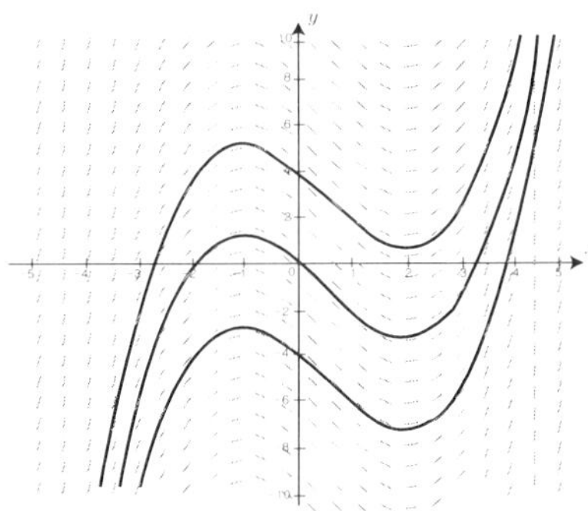

마치 어떤 종류의 중력장이 작용하고 있는 공간에 소립자를 가만히 놓으면 이 중력장을 따라 소립자가 움직여 가는 모양을 추적하는 것과 비슷한 양상이다. 즉, 미분방정식이 일종의 중력장을 형성하고 있으며 소립자를 처음 놓은 위치는 초기조건, 입자가 움직여 가는 길은 중력장에 의해 생기는 길인 풀이 곡선인데, 위의 과정은 각 점에서 중력장이 가리키는 접선 길을 따라 조금 움직이고, 새 점에서 중력장이 가리키는 새 접선을 따라 조금 움직이는 작용을 반복하는 것이 되겠다.

원래 `뒤나믹스' (미국식 영어 발음은 다이나믹스 (dynamics)) 라는 것은 위와 같은 근사식을 의미하는 것은 아니었지만 주어진 중력장에 따라 초기조건과 같은 부분이 결국 전체 행동을 결정할 수 있는 일종의 점화식 체계를 아우르는 개념이 되었다. 이제 보다 복잡한 모형을 다음 마디에서 다루면서 미분방정식의 풀이를 구하는 대신 그 대용으로 쓸 수 있는 방법론을 제시해 보기로 하자.

## 7.2 볼테라 방정식, 토끼와 여우

이탈리아 반도와 그리스 사이에 끼인 지중해의 일부는 아드리아 바다라고 부른다. 아드리아 해안가에 있는 이탈리아의 해변 도시 앙코나(Ancona)에는 지금도 아드리아 바다를 가로질러 그리스를 왕복하는 여객선이 있다. 제1차 세계대전이 진행중이었는 20세기 초엽에 밀라노 대학의 교수였던 비토 볼테라 (Vito Volterra) 박사는 자신의 고향 앙코나 앞바다에서 일어나는 전쟁으로 인해 고향의 어부들이 생업을 잃고 고생할 것이 마음에 걸려 이런 저런 염려에 휘둘리다가 바다 속 어족의 생태계의 앞날을 생각하게 되었다고 한다. 그가 생각했던 모형은 아래와 같은 것이었다.

바다 속에 살며 번식을 잘 하지만 기본적으로 플랑크톤과 해조류를 먹고 사는 물고기 C와, 번식은 느리지만 이 물고기를 잡아먹고 사는 육식성 물고기 P가 공존하는 상황에서, C의 개체 수가 늘면 P가 사냥에 성공할 가능성이 높으므로 잘 먹은 P들이 번식하여 P의 개체 수가 늘게 될 것이고, 이번에는 P가 늘어났지만 C의 수가 줄어서, 먹이는 적은데 사냥에는 경쟁자가 많이 생겨 사냥에 성공할 가능성이 줄어드는 현상이 발생하게 될 것이라는 착상이었다.그러니 이 상황에서는 P들 중에 굶어 죽는 놈이 많아지게 되고 개체수가 줄어들게 된다. 그러면 사냥꾼이 줄어드니 C들이 번식하여 개체수가 늘게 되지만, 이번에는 P들이 사냥에 쉽게 성공하는 수가 많아지고, 그럼 다시 P들이 늘고 C들이 줄게 되겠다. 시간이 흐르는 동안 C들과 P들의 개체 수는 어떤 변화를 보일 것인가?

앞서 설명했던 토끼들의 천국은 딱히 천국은 아니었던 모양인데, 거기에 여우들이 좀 있었으면... 방금 설명한 두 종류의 물고기로 이루어진 볼테라 모형과 비슷한 양상을 보이지 않겠는가?[1]

수학적인 모형을 만들기 위해 시각 $t$에 살아 있는 토끼들의 개체 수를 $x(t)$라 두고, 여우들의 수를 $y(t)$라고 두자. 그러면 토끼의 개체 수는 양수 $b$에 대하여 $x'(t)$ 가 $bx(t)$와 같아져야 하겠지만 (마치 박테리아처럼!), 불행히도(?!) 여우를 만나면 잡혀 먹히게 되니 적절한 양수 $c$에 대하여

$$x'(t) = bx(t) - cx(t)y(t) \tag{7.1}$$

라는 식을 만족할 것으로 보인다. 한편, 여우는 육식동물이라 토끼를 잡아먹어야 번식하는데 여우가 많아지만 오히려 개체 수가 감소하게 된다. 따라서 양수 $r, s$에 대하여 여우의 개체수 $y(t)$는 식

$$y'(t) = -ry(t) + sx(t)y(t) \tag{7.2}$$

을 만족할 것이다. 이제 방정식이 만들어졌다. 자, 초기조건 $x(0), y(0)$의 값이 주어졌다면 $x(t), y(t)$의 방정식을 찾을 수 있겠는가? 이것이 볼테라 방정식이다.

이 연립 미분방정식을 푸는 것은 그리 단순하지 않아 보인다. 하지만 미분방정식을 근사적으로 생각하여 뒤나믹스 방법으로 풀이를 이해하는 것은 어렵지 않다. 지금부터 그 방법을 설명하여 보자.

[1] 이런 모형을 '먹는 자와 먹히는 자 모형' (Predator-Prey model)이라고 부른다. 생물 수학의 주요 기본 모형 이론이다.

우선 충분히 작은 양수 $h$를 택하여 $\frac{1}{h}(x(t+h)-x(t)) \sim x'(t)$와 $\frac{1}{h}(y(t+h)-y(t)) \sim y'(t)$ (매우 비슷하다는 표시)가 성립하게 하고, 위 연립미분방정식 (7.1)과 (7.2)를 다시 구성하면 연립미분방정식의 근사적인 방정식으로

$$\begin{cases} x(t+h) - x(t) = bhx(t) - chx(t)y(t) \\ y(t+h) - y(t) = -rhy(t) + shx(t)y(t) \end{cases}$$

를 얻는다.[2]

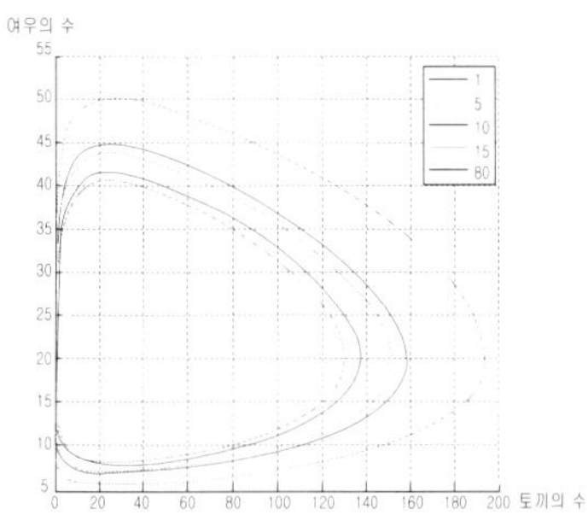


이제 $m = 0, 1, 2, \cdots$마다 기호

$$x_m := x(mh), \quad y_m := y(mh)$$

를 정하고 위 식을 정리하면

$$\begin{cases} x_{m+1} = (1+bh)x_m - chx_m y_m \\ y_{m+1} = (1-rh)y_m + shx_m y_m \end{cases} \tag{7.3}$$

---

[2] 이런 방정식을 difference equations라 부른다. 우리 말 용어로 대한수학회는 **차분방정식**을 추천한다.

를 얻게 된다. 이것은 순서쌍 수열 $\{(x_n, y_n) : n = 0, 1, 2, \cdots\}$에 대한 점화식이며 차례대로 계산도 쉽다.

이제 최초 토끼와 여우의 개체 수가 각각 $x_0, y_0$로 관찰되었으면, 원하는 시각의 개체 수를 어림계산으로는 최소한 구할 수 있게 되었다. 실험에 의하면 이 식이 토끼와 여우의 개체 수가 늘기도 하고 줄기도 하지만 적절한 수준을 유지하면서 살아가는 것을 확인할 수 있다고 한다. 토끼의 세상이 적절히 유지되기 위하여 그들의 적인 여우가 있는 편이 좋다니, 뭔가 교훈적인 것 같은 느낌이 들지 아니한가?

## 7.3 오차에 관하여

어림계산을 하다 보면 염려되는 것이 어림계산에 들어 있는 각종 오차가 최종적으로 어떤 오차를 만들어 내겠는가 하는 질문이다. "나는 간단한 계산만 하고 있으므로, 투입되는 각 숫자의 값이 비교적 작은 오차를 가지게만 해 주면 결과도 비교적 작은 오차만 나올 것이고, 그러니 염려할 필요 없다." 라는 식의 단순한 생각을 하고 계시는지?

참값은 10만 미터인데, 측정할 때 오차가 0.01 미터 (= 1 센터미터) 정도 났다고 치자. 이것이 정사각형 모양의 땅의 한 변이었으면 넓이의 오차는 얼마나 될까?

$$100,000.01 \times 100,000.01 = 10,000km^2 + 2000.0001m^2$$

이니까, 무려 2,000 평방미터의 오차가 생겼다. 100 $m^2$ 아파트 20채 넓이만큼 오차가 난 것이다. 이렇게 오차가 있는 값을 가지고 계산하는 것은... 의외의 파급 효과를 초래할 수 있다. 간단한 곱셈마저 이렇다면 더 복잡한 계산을 필요로 하는 경우에는 어떠하겠는가?

앞 절에서 미분방정식을 풀기 어려울 때 어림계산을 하는 방법을 소개했고, 그 방법론을 배운 후 그것으로 충분하다고 느낀 독자에게, 어림계산의 위험성을 일깨워 주고 싶어서 이런 글을 쓰기도 하지만, 동시에 어림계산이 내포하는 오차의 한계를 수학적으로 정확히 이해하려는 (오차를 정확히 얻을 수는 없더라도, 오차의 한계를 정확히 설정할 수는 있다! 수학의 오묘한 점이라고나 할까?) 것 역시 수학의 중요한 연구 과제 중 하나라는

것을 드러내기 위해 굳이 여기에 몇 자 적었다. 특히 역학계의 경우에는 이런 위험성이 커서,

> **... 첫 번째 계산을 시작할 때 내포되었던 작은 오차가, 역학계를 반복적으로 시행함에 따라 통제가 불가능할 정도로 큰 오차로 발전할 수도 있고... 처음에는 매우 차이가 컸던 두 데이터가 역학계가 반복하여 시행됨에 따라 구분이 불가능할 정도로 차이가 줄어 거의 같은 결과로 수렴하기도 하는 현상...**

즉, 이름하여 **혼돈** (Chaos)이 발생할 수 있는 위험성이 사방에 도사리고 있다. 매스컴에서 `나비효과' 등과 같은 재미있는 표현의 화제로 등장하는 것도 이와 연관이 있고, 이들은 모두 수학적으로 연구되고 있고, 또 연구되어 마땅한 주제라는 점을 얘기해 두면서 이 부분 이론 전개를 마친다.

# 8 부록: 소논문 예시

책머리에 밝힌 바와 같이 소논문 예시 3편을 여기에 싣는다. 강의에서 배포되었던 내용을 조금씩 고친 부분이 있으나 거의 원본 그대로를 올린다.

## 8.1 소논문, I

### 이차곡선의 접선을 극한 안 쓰고 구하기

2015년 8월
포항공과대학교 잠재력 개발과정
수학과 김강태 (담당교수)

#### 1. 서론

서기 1600년대 초엽, 뉴턴과 라이프니츠의 미적분 연구가 시작되기 전에도 이미 접선을 구하는 연구가 있었다고 한다. 우리에게 -좌표계를 소개한 것으로 알려진 르네 데카르트 (Rene' Descartes, 1596-1650, 프랑스)를 비롯한 당시 수학의 선구자들은 이미 접선을 구하는 방법을 개발하였다는데 ([1]), 우리는 그 방법론을 잠재력 과정 강의에서 배웠다. ([2])

따라서 우리는 그 이론을 대표적인 2차 곡선인 포물선, 원, 타원 그리고 쌍곡선의 경우에 적용하여 접선의 방정식을 구하고, 그 결과에 관해 토의해 보려고 한다.

## 2. 포물선의 접선

포물선은 방정식

$$y = ax^2 + bx + c, \quad (a \neq 0)$$

에 의해 주어지는 곡선이다. 이 곡선 위의 점 $(p, ap^2 + bp + c)$ 를 지나는 직선의 방정식은 일반적으로

$$y = m(x - p) + ap^2 + bp + c \tag{1}$$

로 주어진다. 이 직선이 주어진 포물선의 접선이 되는 경우는 이차방정식

$$ax^2 + bx + c - [m(x - p) + ap^2 + bp + c] = 0 \tag{2}$$

가 중근을 가지는 경우이고, 이 경우 판별식을 사용할 수도 있을 것 같지만 그렇게 하려면 또 다른 2차방정식을 또 풀어야 한다. 그래서 우리는 이 방법을 피하고 강의에서 배운 방법, 즉 방정식 (2) 의 좌변이 로 두 번 나누어떨어진다는 성질을 사용하려고 한다.

$$\begin{aligned} &ax^2 + bx + c - [m(x - p) + ap^2 + bp + c] \\ &\qquad = a(x + p)(x - p) + b(x - p) - m(x - p) \end{aligned}$$

를 단순 계산에 의해 얻을 수 있으니까 우선 공통 인수 $x - p$로 나눈 다음, 그 몫인

$$a(x+p) + b - m$$

이 $x - p$로 다시 또 나누어떨어진다는 조건이 만족되어야 한다. 따라서, 나머지 정리에 의하여

$$2ap + b - m = 0$$

가 성립해야 하고, 이로부터 얻은 의 값을 식 (1)에 대입하여

$$y = (2ap + b)(x - p) + ap^2 + bp + c$$

또는 이를 정리하여

$$y = (2ap + b)x - ap^2 + c$$

를 얻는다. 이것이 원하였던 포물선의 접선의 방정식이다.

### 3. 원과 타원의 접선

직관적으로 생각하여도 원의 접선의 방정식에 $y = mx + b$ 꼴의 방정식을 사용하는 것은 바람직하여 보이지 않다. $y$축과 평행한 접선도 있을 텐데 그 경우에는 $m$값이 무한대가 되어 방정식이라고 할 수가 없게 되기 때문이다. 그래서 보다 일반적인 직선의 식

$$A(x - p) + B(x - q) = 0 \tag{3}$$

를 사용하여 접선의 방정식을 구하려 한다.

이제 일반적인 경우의 원의 방정식

$$(x-a)^2+(y-b)^2=r^2 \tag{4}$$

로부터 출발해 보자. 이 원 위의 점 $(p,q)$가 주어졌다면, (3)이 접선의 방정식이 되도록 계수 $A, B$를 결정해야 한다. 접선이 축과 평행한 경우는 중심을 지나며 기울기가 0인 직선과 원이 만나는 점이므로, 그 경우에는 $q=b$가 성립하고 따라서 $p=a\pm r$가 성립함을 알 수 있다. 먼저, 이 경우를 제외하고 생각할 예정이므로, $q\neq b$인 경우 점 에서의 접선은 $B\neq 0$인 경우에 해당한다. 따라서 $m=A/B$로 두어도 무방하고, 그렇게 하고 나면 (3)은

$$y=m(x-p)+q \tag{5}$$

가 된다. 따라서 (4), (5)를 연립방정식으로 두고 중근이 발생하도록 $m$값을 정하면 되겠다. 이제 (5)식을 (4)식에 대입하여 얻는 방정식

$$(x-a)^2+[m(x-p)+q-b]^2-r^2=0$$

를 생각하되, 좌변이 $x-p$로 두 번 나누어떨어지게 하려고 한다. 좌변은

$$\begin{aligned}[(x-p)+(p-a)]^2 &+ [m(x-p)+(q-b)]^2 \\ &- (p-a)^2 - (q-b)^2 \\ &= (x-p)^2 + 2(p-a)(x-p) \\ &\quad + m^2(x-p)^2 + 2m(q-b)(x-p)\end{aligned}$$

와 같으므로 $x-p$로 한 번 나눈 몫인

$$x-p+2(p-a)+m^2(x-p)+2m(q-b)$$

가 $x-p$로 다시 한 번 나누어떨어지게 하려고 한다. 이제 나머지 정리를 사용하면,

$$2(p-a)+2m(q-b)=0$$

를 얻고 이로부터

$$m=-\frac{p-a}{q-b}$$

를 얻는다. 이것을 (5) 에 대입하여

$$y=-\frac{p-a}{q-b}(x-p)+q$$

를 얻게 되는데 이것이 접선의 식이다. 한 편, 이 식을 다시 쓸 수 있는데,

$$(p-a)(x-p)+(q-b)(y-q)=0 \tag{6}$$

가 그것이다. 이 표현이라면 특히 $q=b$인 경우에도 똑같이 적용할 수 있어서 위에 설정하였던 예외조항 없이도 원 위의 임의의 점 $(p,q)$를 지나는 접선의 방정식을 다 구할 수 있게 해준다.

타원의 경우는 원의 방정식에 1 이외의 상수 계수가 곱해진 것에 불과하므로 거의 같은 방법으로 접선의 방정식을 얻게 된다. 즉 타원

$$A(x-a)^2+B(y-b)^2=1, \quad (\text{단}, A,B>0)$$

위의 점 $(p,q)$를 지나는 접선의 방정식은

$$A(p-a)(x-a)+B(q-b)(y-b)=0$$

가 된다.

**4. 쌍곡선의 접선**

쌍곡선의 방정식은 양수 $A,B$에 대하여

$$A(x-a)^2-B(y-b)^2=1$$

로 표현된다. 매우 비슷한 계산과정을 통해 이 쌍곡선 위의 점 $(p,q)$를 지나는 접선의 방정식을 계산할 수 있으며, 방정식은

$$A(p-a)(x-a)-B(q-b)(y-b)=0$$

가 된다.

## 5. 보충 및 예상

이와 같은 방법으로 기본적인 2차 곡선 중에서 원뿔곡선의 접선의 방정식을 모두 얻을 수 있었고, 2차 곡선은 모두 원뿔곡선이므로 회전과 평행이동을 통해 만들어지는 새로운 곡선을 제외한 가장 기본적인 2차 곡선의 경우에는, 접선의 방정식을 모두 얻었다. 미분법을 이용한 그래프 그리기 이론의 관점에서 보면, 이들 곡선의 개략적인 모양을 그리는 데에 유용한 정보 중에서 접선에 관한 정보를 얻은 셈이다. 그런데, 여기에서 2차 도함수에 해당하는 정보도 얻으려면 어떻게 하는 것이 좋을까 하는 의문이 든다. 다음 기회에 보다 정밀한 조사를 할 필요가 있을 것 같다.[1]

## 참고 문헌

[1] 영문 위키피디아 http://wikipedia.com

[2] 김강태 (2015), 미적분학 이야기 ; 포스텍 잠재력 개발과정 교재 (배포된 초안).

[1]이 소논문은 물론, 수강생의 눈높이에 맞추어 작성된 예시임을 언급해 둔다.

## 8.2 소논문, II

# 평균값 정리에 대한 조사

2015년 8월

수학과 임준아 (조교)

### 1. 서론

미분 이론은 한 점에서 구한 접선이 그 점을 지나는 접선이 같은 점을 지나는 그래프의 아주 작은 조각과 거의 일치할 것이라는 생각으로부터 출발하였다. 이런 방법을 통해 함수 $f(x)$의 도함수 $f'(x)$를 정의하였다. 그렇다면 도함수를 이용하여 원래 함수 $f(x)$의 그래프를 그리려면 어떻게 해야 할까? 우리는, 이러한 질문으로부터 시작하여 지금은 완성되어 있는 **평균값 정리**가 나오게 된 배경에 대해 보다 자세히 생각해 보고, 평균값 정리로부터 얻을 수 있는 것들에 대해 생각해 보려고 한다.

### 2. 평균값 정리의 탄생 배경 (추정?)

그래프를 그린 다음 직관적으로 생각해 보면, 구간 $[a, b]$ 위에 잘 정의된 함수 $y = f(x)$에 대하여, 점 $(a, f(a))$와 $(b, f(b))$를 지나는 직선 $y = \frac{f(b)-f(a)}{b-a}(x-a) + f(a)$를 평행이동하여 함수 $f$의 그래프와 한 점에서만 만나도록 잘 옮길 수 있어서 이로부터 구간 $(a, b)$ 위에 있는 어떤 한 점에서의 접선을 얻을 수 있을 것처럼 보인다.

이러한 추측이 맞다면, 그 한 점을 $c$라 두고 점 $(c, f(c))$에서의 접선의 기울기와 위에서 출발한 직선의 기울기가 같게 되고, 따라서 등식

$$f'(c) = \frac{f(b) - f(a)}{b - a}$$

가 만족되어야 할 것이라고 추측하게 되었을 것이다. 이것이 평균값 정리 탄생 배경이 아니었을까? 정확한 정리는 아래와 같다.

**정리 8.2.1 (평균값 정리 (Mean value theorem)) 구간 $(a, b)$에 정의된 미분가능한 함수 $f(x)$가 주어졌다고 하자. 대소관계 $a < c < d < b$를 만족하는 임의의 $c, d$에 대하여**

$$f'(e) = \frac{f(d) - f(c)}{d - c}$$

**를 만족하는 점 $e$가 구간 $(c, d)$에 존재한다.**

### 3. 평균값 정리에서 얻을 수 있는 정보

구간 $(c, d)$에 정의된 두 함수 $f, g$가 미분가능하다면 위의 식에서

$$f'(e) = \frac{f(d) - f(c)}{d - c}$$

과

$$g'(e) = \frac{g(d) - g(c)}{d - c}$$

가 성립할 것이고 이 두 식으로부터

$$\frac{f'(e)}{g'(e)} = \frac{f(d) - f(c)}{g(d) - g(c)}$$

를 얻을 것처럼 보인다. 하지만 이 추론 과정은 옳지 않다. 첫 번째 등식을 만족하는 점 $e$와 두 번째 등식을 만족하는 $e$가 같아야 될 이유가 없기 때문이다. [평균값정리는 이 점의 존재만 보증할 뿐이다. 일반적으로 $e$의 값은 함수와 구간에 의존하기 때문이다.] 하지만 놀랍게도 아래의 정리가 알려져 있다.

**정리 8.2.2 (코시 평균값 정리) 구간 $(a, b)$에 정의된 미분가능한 함수 $f(x), g(x)$가 주어졌다고 하자. 대소관계 $a < c < d < b$를 만족하는 임의의 $c, d$에 대하여 등식**

$$f'(e)(g(d) - g(c)) = g'(e)(f(d) - f(c))$$

**를 만족하는 $e$가 구간 $(c, d)$에 존재한다.**[2]

이 정리는 여러 이론에 유용하지만 여기에서는 더 이상 다루지 않으려 한다. 다만 평균값 정리가 정립된 후 이론의 확장이라는 점에서 가치 있는 연구결과가 예측되고 증명되는 과정을 볼 수 있다는 점이 새롭다.[3]

평균값 정리의 응용을 몇 가지 열거해 본다.

**응용 1. 열린 구간에서 미분가능한 함수의 도함수가 0함수이면, 원래 함수는 상수함수이다.**

---

[2] Cauchy (1789–1857), 프랑스.

[3] 코시 평균값 정리의 증명 역시 롤의 정리를 쓴다. $h(x) = (g(x) - g(c))(f(d) - f(c)) - (f(x) - f(c))(g(d) - g(c))$로 두면, $h(c) = 0 = h(d)$가 성립하고, 따라서 롤의 정리에 의해 $h'(e) = 0$를 만족하는 $e$가 구간 $(c, d)$ 안에 존재한다. 마지막 식을 풀어 쓰면 원하는 결론을 얻는다. 독자들이 궁금해하실 것 같아서 이 책의 저자가 증명을 더하였다.

증명 : 구간 안의 임의의 수 $c, d$에 대하여 등식 $f(d) - f(c) = 0$가 성립하게 되므로 당연하다.

**응용 2. 도함수가 양수인 구간에서 함수는 증가한다.**

증명 : 구간을 $(a, b)$라 하고 $a < c < d < b$를 만족하도록 실수 $a, b$를 택하면 도함수가 어느 점에서나 양수이므로 평균값 정리에 의해 $f(c) < f(d)$를 얻는다. 이것으로 충분하다.

**응용 3. 도함수가 일치하면 두 함수의 차는 상수이다.**

증명 : 이것은 응용 1로부터 바로 따라 온다.

**4. 보충 및 예상**

평균값 정리를 통해 몇 가지 유용한 정보를 얻을 수 있었다. 특히 증가· 감소에 관한 정보는 '응용 2'에서 특히 쓸모가 있었다. 같은 증명으로 함수 $f$의 도함수의 값이 음수인 구간에서는 함수 $-f$가 증가하게 되고 따라서 $f$가 감소하므로 그래프를 그리는데 유용하다는 것이 분명하게 되었다. 한편, 이제까지 얻은 정리와 결과는 모두 미분/도함수에 관한 것이었다. 혹시 적분 형태로 된 정리는 없는지, 있다면 이를 통해 얻을 수 있는 정보는 어떤 것들인지 의문이 생긴다. 다음 번 조사할 기회가 주어진다면 적분 관련 정리를 더 알아보고 싶다.

**참고 문헌**

[1] 김강태 (2015), 미적분학 이야기 ; 포스텍 잠재력 개발과정 13기, 교재 ( 초안).

## 8.3 소논문 예시, III

# 테일러 정리에 관하여

2015년 8월

수학과 전상학 (조교)

**0. 개요**

충분히 좋은 성질을 가지는 함수에 대해, 그 함수의 그래프 위의 한 점에서 생각한 접선은 그 점 근방에서 함수를 가장 잘 표현하는 일차식이라고 생각할 수 있다. 이에 근거하여 한 점에서의 고차 다항식으로의 근사식을 생각할 수 있고, 테일러정리는 한 점에서 그 근방을 가장 잘 표현할 수 있는 $n$차 다항식의 모양과 그 오차를 주는 정리이다. 이 리뷰 페이퍼에서는 테일러정리의 태생, 증명과 함께 그 의의에 대해서 알아 보고자 한다.

**1. 테일러 정리란?**

정리 8.3.1 (Taylor 정리) $k$ 는 주어진 자연수이다. **열린 구간 $(a,b)$ 에서 $k+1$ 번 미분 가능하다고 가정하고 $p \in (a,b)$ 가 주어졌다고 하자. 그러면 임의의 $x \in (a,b)$ 에 대하여 다음 등식**

$$f(x) = f(p) + f'(p)(x-p) + \ldots + \frac{f^{(k)}(p)}{k!}(x-p)^k + \frac{f^{(k+1)}(\xi)}{(k+1)!}(x-p)^{k+1}$$

**를 만족하는 $\xi$가 $p$와 $x$사이에 존재한다.**

## 2. 동기

위 식에서 1차항 까지만 생각을 하게 된다면, 우변의 식은

$$f(x) \sim f(p) + f'(p)(x-p)$$

가 되는데 이것은 그래프 위의 점 에서의 접선의 식과 동일하다. 이루부터 우리는 $f(x)$를 좀 더 높은 차수의 다항식으로 근사를 해보자는 시도를 하려는 생각을 하게 된다. 일단

$$f(x) \sim a_0 + a_1(x-p) + \ldots + a_n(x-p)^n$$

으로 근사하는 것이 가능하다고 생각해 보자. 여기서 $a_k$ 들은 무엇이 되어야 할까?

식의 양변의 $x$ 자리에 $p$를 대입함을 통해서 $a_0 = f(p)$로 두는 것이 가장 자연스럽다는 생각을 하게 되며, 식을 한번 미분한 후 $x = p$ 대입을 통해서 $a_1 = f'(p)$로 두는 것이 가장 자연스럽다는 생각을 하게 된다. 이런 식이라면, 주어진 식을 순차적으로 미분한 후 대입을 통해서 $a_k = f^{(k)}(p)/k!$ 으로 잡아주는 것이 가장 자연스럽다는 추측이 가능하다. 이 값을 근사다항식에 넣은 후 정리하면, 테일러정리의 우변의 마지막 항, 오차항을 제외한 다항식을 짐작할 수 있다.

## 3. 증명 1: Rolle의 정리의 반복 적용을 통한 증명

주어진 함수 $f$에 대해서 함수

$$g(t) = f(t) - f(p) - f'(p)(t-p) - \ldots - \frac{f^{(n)}(p)}{n!}(t-p)^n - C(t-p)^{n+1}$$

를 생각하자. 일단 $x \neq p$로 두고, 각 $x$의 값에 따라 $g(x) = 0$이 되도록 $C$의 값을 정한다. 당연히

$$g(p) = g'(p) = \ldots = g^{(n)}(p) = 0$$

가 성립한다. $g(p) = g(x) = 0$이므로 롤의 정리에 의해서 $g'(x_1) = 0$를 만족하는 $x_1$이 $p$와 $x$ 사이에 존재한다. 계속하여 $g'(p) = g'(x_1) = 0$로부터 롤의 정리를 다시 사용하여 $g''(x_2) = 0$를 만족하는 $x_2$가 $p$와 $x_1$ 사이에 존재한다.

같은 방법을 반복하여, 귀납적으로 $k = 1, 2, \ldots, n+1$에 대하여 $g^{(k)}(x_k) = 0$를 만족하는 $x_k$를 $p$와 $x_{k-1}$ 사이에서 얻어낼 수 있다.

한 편, 처음 $g$의 정의에서, $g^{(n+1)}(t) = f^{(n+1)}(t) - C(n+1)!$가 성립하므로

$$C = \frac{f^{(n+1)}(x_{n+1})}{(n+1)!}$$

도 얻는다. 이제까지 얻은 결과를 $g(x) = 0$와 모두 수합하면, 원하던 테일러 정리의 결론을 얻는다. (증명 끝)

### 4. 증명 2: 부분적분의 반복 적용을 통한 증명

역시 $x \in (a,b)$를 고정시키고 생각하자. 미적분학의 기본정리와 부분적분법을 적용하면

$$\begin{aligned} f(x) - f(p) &= \int_p^x f'(t)dt \\ &= -(x-t)f'(t)\Big|_p^x + \int_p^x (x-t)f''(t)dt \\ &= (x-p)f'(p) + \int_p^x (x-t)f''(t)dt \end{aligned}$$

를 얻고, 부분적분을 반복적으로 적용하면

$$\begin{aligned} f(x) = f(p) + f'(p) + \ldots + \frac{f^{(n)}(p)}{n!} \\ + \int_p^x \frac{(x-t)^n}{n!} f^{(n+1)}(t)dt \end{aligned}$$

를 얻는다. 이렇게 얻은 테일러 전개식은 오차항의 모양이 다르게 얻어졌지만 일반화된 적분의 평균값 정리에 의해 앞의 증명의 경우와 같은 모양의 오차항으로 변환될 수 있다고 한다. ([2])[4]

## 5. 토의

테일러 정리 증명으로 가장 널리 알려진 것은 첫 번째 증명이라고 한다. 논증은 전적으로 롤의 정리에 의존한다. 평균값 정리를 적용할 수도 있으나 우리는 그렇게 하지 않았다.

[4]원래 배포된 소논문은 어차피 예시로 사용될 목적이었으므로 완벽할 필요는 없었다. 논문을 작성한 조교는 마지막 부분의 증명도 간단히 적었으나 고교 수준을 현저히 넘는 점을 감안하여 이 책의 저자가 이를 줄이고 편집하였다.

두 증명 모두 테일러 전개식은 평균값 정리의 반복 적용으로 얻어지는 것을 알 수 있다. 굳이 따지자면 평균값 정리의 따름 정리라 하겠다. 테일러 정리는 매끄러운 (즉, 얼마든지 여러 번 미분가능한) 함수를 다항식으로 근사시킬 수 있다는 점을 알려 주지만 이를 이용하여 다른 정리를 더 얻어내는 기반 기법으로 자주 사용되지는 않는다고 한다. 이 논문을 작성하는 내가 아는 범위에서는 그 응용이 미적분을 넘어서는 그리 넓어 보이지 않는다.[5]

## 참고 문헌

[1] 영문 위키피디아http://en.wikipedia.org/wiki/Taylor

[2] G. B. Thomas, M. D. Weir, J. R. Hass (2010), Thomas' Calculus, 12th ed., Boston. Pearson. pp. 607--610.

[5]사실, 테일러 전개식과 테일러 급수의 응용 범위는 매우 크고 넓다. 수학에 관한 지식이 더 많아질수록 기본 토대 이론의 응용 가능성이 더 보이게 되는데, 소논문을 평가하는 이의 관점에 대해서는 다음 절에서 조금 다루려 한다.

## 8.4 후기

수학적인 글쓰기에는 몇 가지 원칙이 있다. 떠오르는 대로 몇 가지 적어 보자.

(1) 의미 있는 주제를 골라야 한다.

(2) 논리적으로, 그리고 간결하게 이론을 전개해야 한다.

(3) 가능한 한, 오류가 없도록 정확성을 기해야 한다.

(4) 자기가 잘 모르는 주장을 하지 않아야 하지만, 동시에 논문에는 자신의 논지가 있어야 하므로, 자신의 주장--특히 논리적인 확고한 증빙이 없을 경우에는--을 피력하고 싶을 때에는 그것이 저자 자신의 주장임을 명확히 표현하여야 한다. ... 라고 생각한다, 또는 ... 라고 배웠다, 또는 ... 라고 읽었다 등의 표현으로, 자신의 지식에 한계가 있음을 솔직히 알려야 한다.

(5) 다른 이의 주장이나 논증 등을 인용하였으면 참고 문헌에 반드시 포함시켜 독자가 그 근거를 추적할 수 있게 해 주어야 한다.

논문을 쓰면서 자신은 잘 모르지만 굉장해 보이는 (그것도 자신의 느낌일 뿐인 수가 많고, 게다가 글쓴 이가 이런 내용을 잘 모르고 썼을 것이라는 사실까지도 거의 확실히 보이는 경우가 많다!) 다른 이론이나 그 무엇에 자신의 주제를 연결시켜 그것으로 주제나 논문의 중요성을 주장하는 경우를 많이 보는데, 이런 논문은 수학적으로 존중을 받기 어렵다.

이 책의 저자를 포함하여 살아 있는 인간은 누구나 제한된 지식을 가지고 있을 뿐이지만, 그건 부끄러워 할 바가 아닌 사실이다. 따라서 논문을 솔직하게 허풍을 배제하고 작성하는 것은 무엇보다 중요하다. 저자와 조교들은 예시 논문을 준비할 때 고교 2년생의 눈높이에 맞추어 작성하였지만 이런 원칙을 지키려 노력하였다. 하지만 모두 인간인 이상 완벽하지 않다. 초고에 오류와 덜 정제된 표현 등이 포함된 경우가 보이면, 여기 옮겨 실으면서 조금 손질하였다.

# 찾아보기